JN021410

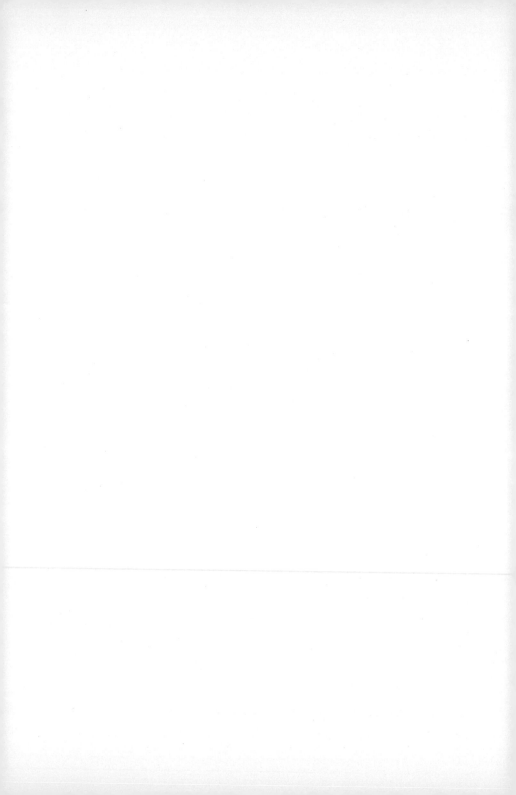

算数検定

実用数学技能検定® 数検

過去問題集

THE MATHEMATICS CERTIFICATION INSTITUTE OF JAPAN
[THE 8th GRADE]

8級

8

公益財団法人 日本数学検定協会

まえがき

　プログラミング教育が話題となっていますが，小学校でどのような授業が行われるか気になりませんか？

　文部科学省が示した小学校プログラミング教育のねらいの中で，将来どのような職業につくとしても求められる力として「プログラミング的思考」がかかげられ，「自分が意図する一連の活動を実現するために，どのような動きの組合せが必要であり，一つ一つの動きに対応した記号を，どのように組み合わせたらいいのか，記号の組合せをどのように改善していけば，より意図した活動に近づくのか，といったことを論理的に考えていく力」と説明されています。たとえば，同じおかしを何個かお皿にのせたときの重さを計算するときにかけ算とたし算をどのような順番で使えばよいか考えたり，進んでいる方向と逆の方向に進んで元の位置にもどりたいときに何度回転して何m進めばよいか考えたりする場面で，記号や数などを適切に用いて，自分がめざす結果や動きを実現できる思考力が大切です。

　算数検定8級（小学校4年生程度）から6級（小学校6年生程度）まででは，習得したスキルをさまざまな場面に合わせて活用し，思考力を働かせて解決する問題が出題されるため，その良さに気づくことを体感できます。たとえば，新聞を読むと，前年度差や推移を表したグラフなどを目にします。このような表やグラフが社会や生活で担う役割を知ることができるような問題が出題されたりします。算数検定8級から6級までの学習に取り組むことは，現代社会のさまざまな課題を正しく認識し，その社会課題を解決するためのさまざまな力を身につけることにつながります。このさまざまな力の中の重要なものとしてプログラミング的思考があるのです。

　4年ごとに行われる「IEA国際数学・理科教育動向調査」（TIMSS）の結果において，「数学を勉強すると，日常生活に役立つか？」という中学生への質問に対し，「強くそう思う」「そう思う」と答えた日本の生徒の割合は増加傾向にあるものの国際平均を下回っています。算数を学ぶことでプログラミング的思考などのさまざまな力がつちかわれ，それらが社会課題の解決と結びつくことが理解できると，算数の学習が日常生活に役立つということに気づくことができます。ぜひ，この機会に算数による気づきを体感してください。

公益財団法人　日本数学検定協会

目　次

まえがき …………………………………………………… 2

目次 ………………………………………………………… 3

検定概要 …………………………………………………… 4

受検方法 …………………………………………………… 5

階級の構成 ………………………………………………… 6

8級の検定基準（抄）……………………………………… 7

第1回　過去問題 ………………………………………… 9

第2回　過去問題 ………………………………………… 19

第3回　過去問題 ………………………………………… 29

第4回　過去問題 ………………………………………… 39

第5回　過去問題 ………………………………………… 49

第6回　過去問題 ………………………………………… 59

 各問題の解答と解説は別冊に掲載されています。
本体から取り外して使うこともできます。

検定概要

「実用数学技能検定」とは

「実用数学技能検定」（後援＝文部科学省。対象：1〜11級）は，数学・算数の実用的な技能（計算・作図・表現・測定・整理・統計・証明）を測る「記述式」の検定で，公益財団法人日本数学検定協会が実施している全国レベルの実力・絶対評価システムです。

検定階級

1級，準1級，2級，準2級，3級，4級，5級，6級，7級，8級，9級，10級，11級，かず・かたち検定のゴールドスター，シルバースターがあります。おもに，数学領域である1級から5級までを「数学検定」と呼び，算数領域である6級から11級，かず・かたち検定までを「算数検定」と呼びます。

1次：計算技能検定／2次：数理技能検定

数学検定（1〜5級）には，計算技能を測る「1次：計算技能検定」と数理応用技能を測る「2次：数理技能検定」があります。算数検定（6〜11級，かず・かたち検定）には，1次・2次の区分はありません。

「実用数学技能検定」の特長とメリット

① 「記述式」の検定

解答を記述することで，答えに至る過程や結果について理解しているかどうかをみることができます。

② 学年をまたぐ幅広い出題範囲

準1級から10級までの出題範囲は，目安となる学年とその下の学年の2学年分または3学年分にわたります。1年前，2年前に学習した内容の理解についても確認することができます。

③ 取り組みがかたちになる

検定合格者には「合格証」を発行します。算数検定では，合格点に満たない場合でも，「未来期待証」を発行し，算数の学習への取り組みを証します。

合格証

未来期待証

受検方法

受検方法によって，検定日や検定料，受検できる階級や申込方法などが異なります。くわしくは公式サイトでご確認ください。

🧍 個人受検

日曜日に年3回実施する個人受検A日程と，土曜日に実施する個人受検B日程があります。
個人受検B日程で実施する検定回や階級は，会場ごとに異なります。

👥 団体受検

団体受検とは，学校や学習塾などで受検する方法です。団体が選択した検定日に実施されます。くわしくは学校や学習塾にお問い合わせください。

📖 検定日当日の持ち物

持ち物＼階級	1～5級 1次	1～5級 2次	6～8級	9～11級	かず・かたち検定
受検証 (写真貼付)※1	必須	必須	必須	必須	
鉛筆またはシャープペンシル (黒のHB・B・2B)	必須	必須	必須	必須	必須
消しゴム	必須	必須	必須	必須	必須
ものさし (定規)		必須	必須	必須	
コンパス		必須	必須		
分度器			必須		
電卓 (算盤)※2		使用可			

※1 団体受検では受検証は発行・送付されません。
※2 使用できる電卓の種類 ○一般的な電卓 ○関数電卓 ○グラフ電卓
　　通信機能や印刷機能をもつもの，携帯電話・スマートフォン・電子辞書・パソコンなどの電卓機能は使用できません。

階級の構成

階級		構成	検定時間	出題数	合格基準	目安となる学年
数学検定	1級	1次：計算技能検定 2次：数理技能検定 があります。 はじめて受検するときは1次・2次両方を受検します。	1次：60分 2次：120分	1次：7問 2次：2題必須・ 5題より 2題選択	1次：全問題の70%程度 2次：全問題の60%程度	大学程度・一般
数学検定	準1級					高校3年程度 （数学Ⅲ程度）
数学検定	2級		1次：50分 2次：90分	1次：15問 2次：2題必須・ 5題より 3題選択		高校2年程度 （数学Ⅱ・数学B程度）
数学検定	準2級			1次：15問 2次：10問		高校1年程度 （数学Ⅰ・数学A程度）
数学検定	3級		1次：50分 2次：60分	1次：30問 2次：20問		中学校3年程度
数学検定	4級					中学校2年程度
数学検定	5級					中学校1年程度
算数検定	6級	1次／2次の区分はありません。	50分	30問	全問題の70%程度	小学校6年程度
算数検定	7級					小学校5年程度
算数検定	8級					小学校4年程度
算数検定	9級		40分	20問		小学校3年程度
算数検定	10級					小学校2年程度
算数検定	11級					小学校1年程度
かず・かたち検定	ゴールドスター			15問	10問	幼児
かず・かたち検定	シルバースター					

6

8級の検定基準(抄)

検定の内容	技能の概要	目安となる学年
整数の四則混合計算，小数・同分母の分数の加減，概数の理解，長方形・正方形の面積，基本的な立体図形の理解，角の大きさ，平行・垂直の理解，平行四辺形・ひし形・台形の理解，表と折れ線グラフ，伴って変わる2つの数量の関係の理解，そろばんの使い方など	**身近な生活に役立つ算数技能** ①都道府県人口の比較ができる。 ②部屋，家の広さを算出することができる。 ③単位あたりの料金から代金が計算できる。	小学校4年程度
整数の表し方，整数の加減，2けたの数をかけるかけ算，1けたの数でわるわり算，小数・分数の意味と表し方，小数・分数の加減，長さ・重さ・時間の単位と計算，時刻の理解，円と球の理解，二等辺三角形・正三角形の理解，数量の関係を表す式，表や棒グラフの理解 など	**身近な生活に役立つ基礎的な算数技能** ①色紙などを，計算して同じ数に分けることができる。 ②調べたことを表や棒グラフにまとめることができる。 ③体重を単位を使って比較できる。	小学校3年程度

8級の検定内容の構造

小学校4年程度	小学校3年程度	特有問題
45%	45%	10%

※割合はおおよその目安です。
※検定内容の10%にあたる問題は，実用数学技能検定特有の問題です。

8級

算数検定
実用数学技能検定®
[文部科学省後援]

—————— 検定上の注意 ——————

1. 自分が受検する階級の問題用紙であるか確認してください。
2. 検定開始の合図があるまで問題用紙を開かないでください。
3. 解答用紙の名前・受検番号・生年月日のらんは，書きもれのないように書いてください。
4. この表紙の右下のらんに，名前・受検番号を書いてください。
5. ものさし・分度器・コンパスを使用することができます。電卓を使用することはできません。
6. 携帯電話は電源を切り，検定中に使用しないでください。
7. 答えはすべて解答用紙に書いてください。
8. 問題用紙に印刷のはっきりしない部分がありましたら，検定監督官に申し出てください。
9. 検定が終わったら，この問題用紙は解答用紙といっしょに集めます。

名前	
受検番号	—

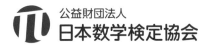
公益財団法人
日本数学検定協会

1 次の計算をしましょう。 (計算技能)

(1) $463+558$

(2) $6003-4859$

(3) 94×8

(4) 415×74

(5) $40\div8$

(6) $93\div3$

(7) $498\div83$

(8) $265+135\div5$

(9) $3.16+5.87$

(10) $6.3-4.62$

(11) $\dfrac{6}{7}+\dfrac{5}{7}$

(12) $1\dfrac{2}{11}-\dfrac{8}{11}$

2 次の ☐ にあてはまる数を求めましょう。

(13)　10000を5こと1000を2こ合わせた数は ☐ です。

(14)　2分50秒＝ ☐ 秒

(15)　0.1を7こと0.01を3こ合わせた数は ☐ です。

3 すみれさんは325円持っていました。お母さんから何円かもらったので，持っているお金は912円になりました。このとき，次の問題に答えましょう。

(16)　すみれさんがお母さんからもらったお金は何円ですか。

(17)　すみれさんが1230円の本を買うためには，あと何円必要ですか。

4 右の図のように，まことさんの家，駅，図書館，スーパーマーケット，ポストがあります。これについて，次の問題に答えましょう。

(18) まことさんの家からスーパーマーケットの前を通って図書館まで行く道のりは何mですか。

(19) まことさんの家から図書館まで行きます。ポストの前を通って行く道のりは，駅の前を通って行く道のりより何m短いですか。

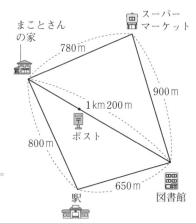

5 右の図のように，直径12cmの円が3つぴったりくっついています。点ア，イ，ウは円の中心です。これについて，次の問題に単位をつけて答えましょう。

(20) 円の半径は何cmですか。

(21) 三角形アイウのまわりの長さは何cmですか。

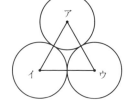

6 たくやさんとあきとさんは，本を読んでいます。たくやさんが読んでいる本のページ数は３８４ページです。このとき，次の問題に答えましょう。

(22) たくやさんが読んでいる本のページ数は，あきとさんが読んでいる本のページ数の３倍です。あきとさんが読んでいる本のページ数は何ページですか。

(23) たくやさんは，毎日３２ページ読んでいます。たくやさんが読み終わるのに，何日かかりますか。この問題は，式と答えを書きましょう。

7 右の折れ線グラフは，ある日の気温と，学校のプールの水温の変わり方を表したものです。これについて，次の問題に答えましょう。

(統計技能)

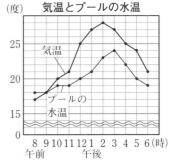

気温とプールの水温

(24) プールの水温がいちばん高かったのは何時ですか。

(25) 気温の上がり方がいちばん大きかったのは，何時から何時までの間ですか。下の㋐から㋔までの中から１つ選んで，その記号で答えましょう。

　㋐ 午前９時から午前１０時までの間

　㋑ 午前１０時から午前１１時までの間

　㋒ 午前１１時から午前１２時までの間

　㋓ 午前１２時から午後１時までの間

　㋔ 午後１時から午後２時までの間

(26) 気温とプールの水温のちがいがいちばん大きかったのは何時ですか。

8 下の図の㋐, ㋑の角度はそれぞれ何度ですか。分度器を使ってはかりましょう。

（測定技能）

(27)   (28)

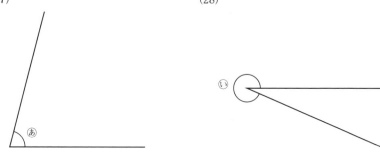

9　下のように，1，2，3の数字をあるきまりにしたがってならべていきます。たとえば，□で囲んだ1は「3行め4列め」と表します。これについて，次の問題に答えましょう。

(整理技能)

	1列	2列	3列	4列	5列	6列	7列	8列	9列	・・・
1行	3	2	1	3	2	1	3	2	1	・・・
2行	2	1	3	2	1	3	2	1	3	・・・
3行	1	3	2	1	3	2	1	3	2	・・・
4行	3	2	1	3	2	1	3	2	1	・・・
5行	2	1	3	2	1	3	2	1	3	・・・
6行	1	3	2	1	3	2	1	3	2	・・・
7行	3	2	1	3	2	1	3	2	1	・・・
：	：	：	：	：	：	：	：	：	：	

(29)　「8行め9列め」の数字は何ですか。

(30)　1行めから12行めの1列めから10列めまでの中に，1は何こありますか。

1	（1）		**1**	（11）
	（2）			（12）
	（3）		**2**	（13）
	（4）			（14） （秒）
	（5）			（15）
	（6）		**3**	（16） 円
	（7）			（17） 円
	（8）		**4**	（18） m
	（9）			（19） m
	（10）		**5**	（20）

●答えを直すときは、消しゴムできれいに消してください。
●答えは、解答用紙にはっきりと書いてください。

太わくの部分は必ず記入してください。

ここにバーコードシールを
はってください。

ふりがな		受検番号
姓	名	―

生年月日 大正 昭和 平成 西暦 　年　月　日生

性別（　をぬりつぶしてください）男　女　　年齢　　歳

住所 □□□-□□□□

/30

公益財団法人 **日本数学検定協会**

5	(21)	
6	(22)	ページ
	(23)	
		(答え) 日
7	(24)	時
	(25)	
	(26)	時
8	(27)	度
	(28)	度

●この検定が実施された日時を書いてください。

日付 ： （ ）年（ ）月（ ）日
時間 ： （ ）時（ ）分 ～（ ）時（ ）分

9	(29)	
	(30)	こ

●時間のある人はアンケートにご協力ください。あてはまるものの□をぬりつぶしてください。

算数・数学は得意ですか。	検定時間はどうでしたか。	問題の内容はどうでしたか。
はい □　いいえ □	短い □　よい □　長い □	難しい □　ふつう □　易しい □

おもしろかった問題は何番ですか。 1 ～ 9 までの中から2つまで選び，ぬりつぶしてください。

1　2　3　4　5　6　7　8　9　　（よい例 1　悪い例 ☑ ）

監督官から「この検定問題は，本日開封されました」という宣言を聞きましたか。

（ はい □　いいえ □ ）

検定をしているとき，監督官はずっといましたか。 （ はい □　いいえ □ ）

8級

きゅう

算数検定

実用数学技能検定®

[文部科学省後援]

第2回　　　　　　　　　　　〔検定時間〕50分

── 検定上の注意 ──

1. 自分が受検する階級の問題用紙であるか確認してください。
2. 検定開始の合図があるまで問題用紙を開かないでください。
3. 解答用紙の名前・受検番号・生年月日のらんは,書きもれのないように書いてください。
4. この表紙の右下のらんに,名前・受検番号を書いてください。
5. ものさし・分度器・コンパスを使用することができます。電卓を使用することはできません。
6. 携帯電話は電源を切り,検定中に使用しないでください。
7. 答えはすべて解答用紙に書いてください。
8. 問題用紙に印刷のはっきりしない部分がありましたら,検定監督官に申し出てください。
9. 検定が終わったら,この問題用紙は解答用紙といっしょに集めます。

下記の「個人情報の取扱い」についてご同意いただいたうえでご提出ください。

【このフォームでお預かりするすべての個人情報の取り扱いについて】

1. 事業者の名称　　公益財団法人日本数学検定協会
2. 個人情報保護管理者の職名,所属および連絡先
   管理者職名:個人情報保護管理者
   所属部署:事務局　事務局次長　　連絡先:03-5812-8340
3. 個人情報の利用目的　受検者情報の管理,採点,本人確認のため。
4. 個人情報の第三者への提供　団体窓口経由でお申込みの場合は,検定結果を通知するために,申し込み情報,氏名,受検階級,成績を,Webでのお知らせまたはFAX,送付,電子メール添付などにより,お申し込みもとの団体様に提供します。
5. 個人情報取り扱いの委託　前項利用目的の範囲に限って個人情報を外部に委託することがあります。
6. 個人情報の開示等の請求　ご本人様はご自身の個人情報の開示等に関して,下記の当協会お問い合わせ窓口に申し出ることができます。その際,当協会はご本人様を確認させていただいたうえで,合理的な対応を期間内にいたします。

【問い合わせ窓口】

公益財団法人日本数学検定協会　検定問い合わせ係
〒110-0005 東京都台東区上野5-1-1 文昌堂ビル6階
TEL:03-5812-8340　電話問い合わせ時間 月〜金 9:30-17:00
(祝日・年末年始・当協会の休業日を除く)

7. 個人情報を提供されることの任意性について
   ご本人様が当協会に個人情報を提供されるかどうかは任意によるものです。ただし正しい情報をいただけない場合,適切な対応ができない場合があります。

名前 なまえ	
受検番号 じゅけんばんごう	―

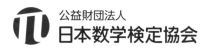

公益財団法人
日本数学検定協会

1 次の計算をしましょう。 (計算技能)

(1) $296 + 574$

(2) $7801 - 3348$

(3) 37×6

(4) 289×45

(5) $54 \div 6$

(6) $96 \div 3$

(7) $988 \div 38$

(8) $27 + 38 \times 14$

(9) $5.83 + 2.19$

(10) $7.02 - 4.85$

(11) $\dfrac{5}{7} + \dfrac{4}{7}$

(12) $2\dfrac{3}{11} - \dfrac{9}{11}$

2 次の □ にあてはまる数を求めましょう。

(13) 190000は，1000を □ こ集めた数です。

(14) 598秒＝ □ 分 □ 秒

(15) 0.1を6ことと0.01を2こ合わせた数は □ です。

第2回

3 次の問題に答えましょう。

(16) クリップが25こ入っているふくろが7つあります。クリップは全部で何こありますか。

(17) 折り紙が48まいあります。4人で同じまい数ずつ分けると，1人分は何まいになりますか。

4 たかしさんは，午前8時5分に家を出て，午前8時23分に学校に着きます。お父さんは，たかしさんより45分早く家を出ます。このとき，次の問題に答えましょう。

(18) たかしさんは，家を出てから学校に着くまでに何分かかりますか。

(19) お父さんは，午前何時何分に家を出ますか。

5 右の図のように，箱に半径5cmのボールが12こぴったり入っています。これについて，次の問題に答えましょう。

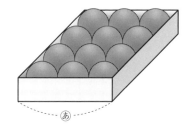

(20) ボールの直径は何cmですか。

(21) ㋐の長さは何cmですか。

第2回

6　みゆきさんは，デパートに行きました。家からバスの停りゅう所までの $\frac{6}{7}$ km の道のりは歩き，バスの停りゅう所からデパートまでの $2\frac{2}{7}$ km の道のりはバスに乗って行きました。このとき，次の問題に答えましょう。

(22)　歩いた道のりとバスで行った道のりは，合わせて何 km ですか。

(23)　バスで行った道のりは，歩いた道のりより何 km 長いですか。この問題は，式と答えを書きましょう。

7　右の折れ線グラフは，ある町の9月から次の年の2月までの，月ごとの最高気温と最低気温を表したものです。これについて，次の問題に答えましょう。　　　　　　　　　　　　　　（統計技能）

(24)　1月の最低気温は何度ですか。

(25)　11月の最高気温は，10月の最高気温より何度低いですか。

(26)　最高気温と最低気温のちがいがいちばん大きかったのは何月ですか。

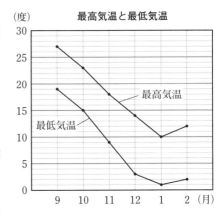

最高気温と最低気温

23

8 下の図形の面積は，それぞれ何 cm² ですか。単位をつけて答えましょう。図形の角は全部直角です。

(測定技能)

(27)　正方形

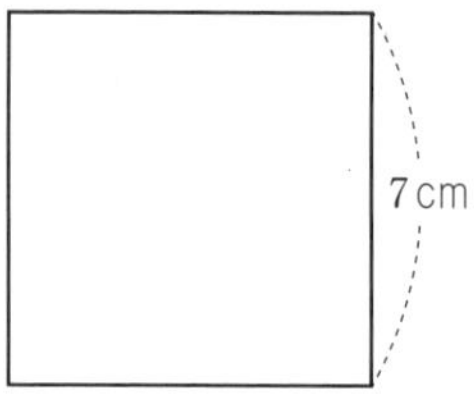

7cm

(28)

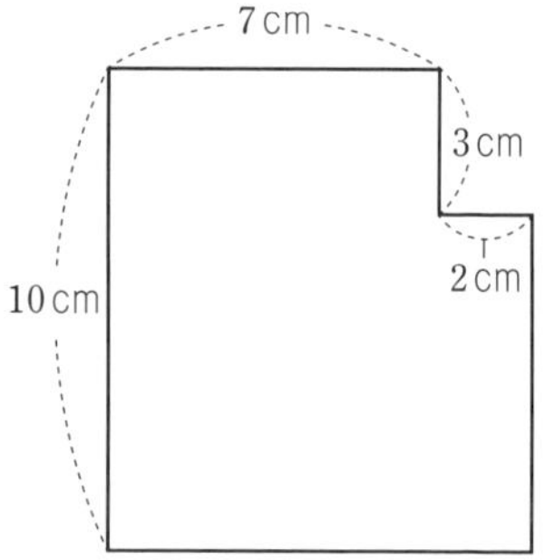

7cm

3cm

10cm

2cm

9　けんとさん，なおきさん，たくやさん，まさきさんの4人がそれぞれ，問題1，2，3，4の4問のクイズに答えました。クイズは1問ずつ⑥か⑥で答えて，点数は正かいすると2点，まちがえると0点です。下の表は，4人の答えと合計点をまとめたものです。これについて，次の問題に答えましょう。　　（整理技能）

	問題1	問題2	問題3	問題4	合計点
けんと	ⓘ	ⓐ	ⓘ	ⓐ	2
なおき	ⓘ	ⓘ	ⓘ	ⓐ	4
たくや	ⓐ	ⓐ	ⓘ	ⓘ	6
まさき	ⓘ	ⓘ	ⓐ	ⓐ	

(29)　けんとさんとなおきさんは，問題2だけ2人の答えがちがいました。問題2が正かいだったのは，けんとさんとなおきさんのどちらですか。

(30)　まさきさんの合計点は何点ですか。

	(1)	
1	(2)	
	(3)	
	(4)	
	(5)	
	(6)	
	(7)	
	(8)	
	(9)	
	(10)	

	(11)	
1	(12)	
2	(13)	（こ）
	(14)	（分）　（秒）
	(15)	
3	(16)	こ
	(17)	まい
4	(18)	分
	(19)	午前　　時　　分
5	(20)	cm

●答えを直すときは、消しゴムできれいに消してください。
●答えは、解答用紙にはっきりと書いてください。

太わくの部分は必ず記入してください。

ふりがな		受検番号
姓	名	―

生年月日　大正　昭和　平成　西暦	年　　月　　日生

性別（□をぬりつぶしてください）男□　女□	年齢　　　　歳

ここにバーコードシールを
はってください。

住所　□□□-□□□□

／30

公益財団法人 **日本数学検定協会**

実用数学技能検定 [8]級

5	(21)	cm
6	(22)	km
	(23)	
		(答え)　　　　　　　　km
7	(24)	度
	(25)	度
	(26)	月
8	(27)	
	(28)	
9	(29)	さん
	(30)	点

●この検定が実施された日時を書いてください。

日付　：　（　）年（　）月（　）日

時間　：　（　）時（　）分 ～ （　）時（　）分

●時間のある人はアンケートにご協力ください。あてはまるものの□をぬりつぶしてください。

算数・数学は得意ですか。	検定時間はどうでしたか。	問題の内容はどうでしたか。
はい □　　いいえ □	短い □　よい □　長い □	難しい □　ふつう □　易しい □

おもしろかった問題は何番ですか。 [1] ～ [9] までの中から2つまで選び、ぬりつぶしてください。

[1]　[2]　[3]　[4]　[5]　[6]　[7]　[8]　[9]　　（よい例 ■1　悪い例 ✗ ）

監督官から「この検定問題は、本日開封されました」という宣言を聞きましたか。

（　はい □　　いいえ □　）

検定をしているとき、監督官はずっといましたか。　（　はい □　　いいえ □　）

27

8級

きゅう

算数検定

実用数学技能検定®

[文部科学省後援]

| 第3回 | 〔検定時間〕50分 |

—— 検定上の注意 ——
けんていじょう　ちゅう い

1. 自分が受検する階級の問題用紙であるか確認してください。
じ ぶん　じゅ けん　かい きゅう　もんだいようし　かく

2. 検定開始の合図があるまで問題用紙を開かないでください。
けんていかいし　あい ず　ひら

3. 解答用紙の名前・受検番号・生年月日のらんは，書きもれのないように書いてください。
かいとうようし　な まえ　じゅ けんばんごう　せいねんがっ ぴ　か

4. この表紙の右下のらんに，名前・受検番号を書いてください。
ひょうし　みぎした

5. ものさし・分度器・コンパスを使用することができます。電卓を使用することはできません。
ぶん ど き　し よう　でんたく

6. 携帯電話は電源を切り，検定中に使用しないでください。
けいたいでん わ　でんげん　き　けんていちゅう

7. 答えはすべて解答用紙に書いてください。

8. 問題用紙に印刷のはっきりしない部分がありましたら，検定監督官に申し出てください。
もんだいようし　いんさつ　ぶ ぶん　けんていかんとくかん　もう　で

9. 検定が終わったら，この問題用紙は解答用紙といっしょに集めます。
お　あつ

下記の「個人情報の取扱い」についてご同意いただいたうえでご提出ください。

【このフォームでお預かりするすべての個人情報の取り扱いについて】

1. 事業者の名称　　公益財団法人日本数学検定協会

2. 個人情報保護管理者の職名，所属および連絡先
管理者職名：個人情報保護管理者
所属部署：事務局　事務局次長　　連絡先：03-5812-8340

3. 個人情報の利用目的　　受検者情報の管理，採点，本人確認のため。

4. 個人情報の第三者への提供　　団体窓口経由でお申込みの場合は，検定結果を通知するために，申し込み情報，氏名，受検階級，成績を，Webでのお知らせまたはFAX，送付，電子メール添付などにより，お申し込みもとの団体様に提供します。

5. 個人情報取り扱いの委託　　前項利用目的の範囲に限って個人情報を外部に委託することがあります。

6. 個人情報の開示等の請求　　ご本人様はご自身の個人情報の開示等に関して，下記の当協会お問い合わせ窓口に申し出ることができます。その際，当協会はご本人様を確認させていただいたうえで，合理的な対応を期間内にいたします。

【問い合わせ窓口】
公益財団法人日本数学検定協会　検定問い合わせ係
〒110-0005 東京都台東区上野 5-1-1 文昌堂ビル6階
TEL：03-5812-8340　電話問い合わせ時間 月～金 9:30-17:00
（祝日・年末年始・当協会の休業日を除く）

7. 個人情報を提供することの任意性について
ご本人様が当協会に個人情報を提供するかどうかは任意によるものです。ただし正しい情報をいただけない場合，適切な対応ができない場合があります。

| 名 前 な まえ | |
| 受検番号 じゅ けんばんごう | ― |

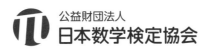

公益財団法人
日本数学検定協会

1 次の計算をしましょう。 （計算技能）

(1) 618 ＋ 285

(2) 7259 － 5462

(3) 38 × 4

(4) 129 × 36

(5) 28 ÷ 7

(6) 69 ÷ 3

(7) 912 ÷ 48

(8) 9 ＋ 6 × 2

(9) 5.14 ＋ 4.07

(10) 9.23 － 7.3

(11) $\dfrac{4}{5} + \dfrac{3}{5}$

(12) $1\dfrac{1}{7} - \dfrac{6}{7}$

2 次の □ にあてはまる数を求めましょう。

(13) 10000を7こと1000を5こ合わせた数は □ です。

(14) 2分10秒＝ □ 秒

(15) 0.1を4こと0.01を8こ合わせた数は □ です。

第3回

3 ゲーム大会の景品として、ノートとおかしのつめ合わせを用意します。このとき、次の問題に答えましょう。

(16) ノートは1さつ76円です。9さつ買うと、代金は何円ですか。

(17) おかしのつめ合わせは1ふくろ258円です。12ふくろ買うと、代金は何円ですか。

4 こうたさんは，友達と午後2時10分に公園に集合する約束をしました。このとき，次の問題に答えましょう。

(18) こうたさんの家から公園までは，歩いて15分かかります。約束の時こくに公園に着くためには，こうたさんは家を午後何時何分に出ればよいですか。

(19) こうたさんは，友達と午後2時10分から午後4時45分まで遊びました。こうたさんたちが遊んでいた時間は何時間何分ですか。

5 次の問題に答えましょう。

(20) 右の図のように，折り紙を半分に折って，直線アイのところで切ります。切り取った紙を広げてできる三角形が正三角形になるようにするには，直線アイの長さを何cmにすればよいですか。

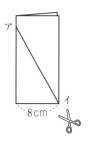

8cm

(21) 右の図のように，等しい間かくで点・がならんでいます。点を1つ選び，点ウ，点エと結んで二等辺三角形を1つかきます。解答用紙にものさしを使ってかきましょう。　　　　　　（作図技能）

6 お茶が，ポットに $1\frac{4}{9}$ L，水とうに $\frac{7}{9}$ L 入っています。このとき，次の問題に答えましょう。

(22) お茶は全部で何 L ありますか。

(23) ポットに入っているお茶を $\frac{5}{9}$ L 飲みました。ポットに残っているお茶は何 L ですか。

第3回

7 右の折れ線グラフは，ある日の気温の変わり方を表したものです。これについて，次の問題に答えましょう。　　　　　（統計技能）

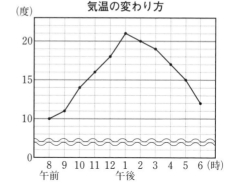

気温の変わり方

(24) 午前9時の気温は何度ですか。

(25) 気温がいちばん高かったのは何時ですか。

(26) 気温の下がり方がいちばん大きかったのは，何時から何時までの間ですか。下の①から⑤までの中から1つ選んで，その番号で答えましょう。

　　① 午後1時から午後2時の間
　　② 午後2時から午後3時の間
　　③ 午後3時から午後4時の間
　　④ 午後4時から午後5時の間
　　⑤ 午後5時から午後6時の間

8 下の図の⑩，⑪の角度は，それぞれ何度ですか。分度器を使ってはかり，単位をつけて答えましょう。

(測定技能)

(27)

(28)

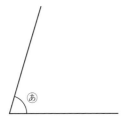

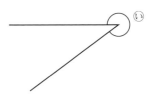

9 A，B，Cの3種類の重さの箱があります。いちばん軽い箱はAで，いちばん重い箱はCです。これらの箱をともやさん，ひろきさん，ゆうかさんの3人で運ぶために，下の図のように分け，箱の重さの合計が3人とも16kgになるようにしました。箱の重さは，1kgから10kgまでのどれかです。このとき，次の問題に答えましょう。

(整理技能)

ともやさんが 運ぶ箱	
A	A
C	C

ひろきさんが 運ぶ箱		
A	B	B
B	B	B

ゆうかさんが 運ぶ箱				
A	A	A	A	A
A	A	B	B	B

第3回

(29) Aの箱の重さは何kgですか。

(30) B，Cの箱の重さは，それぞれ何kgですか。

1	(1)	
	(2)	
	(3)	
	(4)	
	(5)	
	(6)	
	(7)	
	(8)	
	(9)	
	(10)	

1	(11)	
	(12)	
2	(13)	
	(14)	（秒）
	(15)	
3	(16)	円
	(17)	円
4	(18)	午後　　　時　　　分
	(19)	時間　　　分
5	(20)	cm

●答えを直すときは、消しゴムできれいに消してください。
●答えは、解答用紙にはっきりと書いてください。

太わくの部分は必ず記入してください。

ここにバーコードシールを
はってください。

ふりがな			受検番号
姓	名		—

生年月日　大正　昭和　平成　西暦　　年　　月　　日生

性別（□をぬりつぶしてください）男□　女□　　年齢　　歳

□□□-□□□□

住所

／30

●この検定が実施された日時を書いてください。

日付：（　）年（　）月（　）日

時間：（　）時（　）分　～　（　）時（　）分

5	(21)	
6	(22)	└
	(23)	└
7	(24)	度
	(25)	時
	(26)	
8	(27)	
	(28)	
9	(29)	kg
	(30)	B　　　　　　kg ｜ C　　　　　　kg

●時間のある人はアンケートにご協力ください。あてはまるものの□をぬりつぶしてください。

算数・数学は得意ですか。
はい □　　いいえ □

検定時間はどうでしたか。
短い □　　よい □　　長い □

問題の内容はどうでしたか。
難しい □　　ふつう □　　易しい □

おもしろかった問題は何番ですか。 1 ～ 9 までの中から2つまで選び、ぬりつぶしてください。

1　2　3　4　5　6　7　8　9　　（よい例 1 　悪い例 ✔）

監督官から「この検定問題は，本日開封されました」という宣言を聞きましたか。
（　はい □　　いいえ □　）

検定をしているとき，監督官はずっといましたか。
（　はい □　　いいえ □　）

37

············· **Memo** ·············

8級
きゅう

算数検定
実用数学技能検定®
[文部科学省後援]

─── 検定上の注意 ───

1. 自分が受検する階級の問題用紙であるか確認してください。
2. 検定開始の合図があるまで問題用紙を開かないでください。
3. 解答用紙の名前・受検番号・生年月日のらんは、書きもれのないように書いてください。
4. この表紙の右下のらんに、名前・受検番号を書いてください。
5. ものさし・分度器・コンパスを使用することができます。電卓を使用することはできません。
6. 携帯電話は電源を切り、検定中に使用しないでください。
7. 答えはすべて解答用紙に書いてください。
8. 問題用紙に印刷のはっきりしない部分がありましたら、検定監督官に申し出てください。
9. 検定が終わったら、この問題用紙は解答用紙といっしょに集めます。

下記の「個人情報の取扱い」についてご同意いただいたうえでご提出ください。

【このフォームでお預かりするすべての個人情報の取り扱いについて】
1. 事業者の名称　　公益財団法人日本数学検定協会
2. 個人情報保護管理者の職名、所属および連絡先
　　管理者職名：個人情報保護管理者
　　所属部署：事務局　事務局次長　　連絡先：03-5812-8340
3. 個人情報の利用目的　　受検者情報の管理、採点、本人確認のため。
4. 個人情報の第三者への提供　　団体窓口経由でお申込みの場合は、検定結果を通知するために、申し込み情報、氏名、受検階級、成績を、Web でのお知らせまたは FAX、送付、電子メール添付などにより、お申し込みもとの団体様に提供します。
5. 個人情報取り扱いの委託　　前項利用目的の範囲に限って個人情報を外部に委託することがあります。
6. 個人情報の開示等の請求　　ご本人様はご自身の個人情報の開示等に関して、下記の当協会お問い合わせ窓口に申し出ることができます。その際、当協会はご本人様を確認させていただいたうえで、合理的な対応を期間内にいたします。
【問い合わせ窓口】
公益財団法人日本数学検定協会　検定問い合わせ係
〒110-0005 東京都台東区上野 5-1-1 文昌堂ビル 6 階
TEL：03-5812-8340　電話問い合わせ時間 月〜金 9:30-17:00
（祝日・年末年始・当協会の休業日を除く）
7. 個人情報を提供されることの任意性について
ご本人様が当協会に個人情報を提供されるかどうかは任意によるものです。ただし正しい情報をいただけない場合、適切な対応ができない場合があります。

名前	
受検番号	―

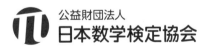

公益財団法人
日本数学検定協会

1 次の計算をしましょう。 (計算技能)

(1) 284＋636

(2) 8001−7438

(3) 75×9

(4) 483×85

(5) 54÷9

(6) 84÷2

(7) 536÷67

(8) 152＋48×8

(9) 2.65＋5.46

(10) 8.3−4.52

(11) $\dfrac{3}{7}+\dfrac{6}{7}$

(12) $1\dfrac{1}{9}-\dfrac{2}{9}$

2 次の □ にあてはまる数を求めましょう。

(13) 27000は，1000を □ こ集めた数です。

(14) 3000kg＝ □ t

(15) 0.1を8こと0.01を5こ合わせた数は □ です。

3 画用紙が何まいかあります。工作で141まいを使い，残りが273まいになりました。はじめにあった画用紙のまい数を□まいとして，次の問題に答えましょう。

(16) 画用紙のまい数について，□を使った式に表します。正しい式を，下のあからえまでの中から1つ選んで，その記号で答えましょう。

  あ   □＋141＝273
  い   □－141＝273
  う   273－□＝141
  え   273－141＝□

(17) はじめにあった画用紙のまい数は，何まいですか。

4 　かずこさん，りんこさん，まるこさんの３人は，一輪車に乗れた時間をはかりました。かずこさんの記録は１分23秒でした。このとき，次の問題に答えましょう。

(18)　りんこさんの記録は，かずこさんの記録より47秒長かったです。りんこさんの記録は何分何秒ですか。

(19)　まるこさんの記録は，かずこさんの記録より１分52秒長かったです。まるこさんの記録は何分何秒ですか。

5 　右の図で，二等辺三角形①と正三角形②は，まわりの長さが同じです。このとき，次の問題に単位をつけて答えましょう。

(20)　⑥の長さは何 cm ですか。

(21)　⑥の長さは何 cm ですか。

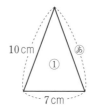

6 　赤いリボンが $1\frac{4}{5}$ m, 青いリボンが $2\frac{2}{5}$ m あります。このとき, 次の問題に答えましょう。

(22)　赤いリボンと青いリボンの長さは, 合わせて何 m ですか。

(23)　青いリボンは, 赤いリボンより何 m 長いですか。この問題は, 式と答えを書きましょう。

7 　右の折れ線グラフは, ある日の気温と池の水温の変わり方を表したものです。これについて, 次の問題に答えましょう。(統計技能)

(24)　午前10時の気温は何度ですか。

(25)　池の水温の上がり方がいちばん大きかったのは, 何時から何時までの間ですか。下のⓐからⓔまでの中から1つ選んで, その記号で答えましょう。

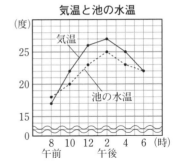

気温と池の水温

　　ⓐ　午前8時から午前10時までの間
　　ⓘ　午前10時から午前12時までの間
　　ⓤ　午前12時から午後2時までの間
　　ⓔ　午後2時から午後4時までの間
　　ⓞ　午後4時から午後6時までの間

(26)　気温と水温のちがいがいちばん大きかったのは何時ですか。

8 たて12cm，横28cmの長方形があります。これについて，次の問題に答えましょう。 　（測定技能）

(27) この長方形の面積は何cm² ですか。

(28) この長方形について，面積を変えないように，たての長さを6cmにします。このとき，横の長さは何cmになりますか。

9　下の図のように，お金を，1円玉，1円玉，5円玉，10円玉，50円玉の順で左からくり返しならべていきます。これについて，次の問題に答えましょう。

（整理技能）

(29)　23番めにならべるお金は何円玉ですか。

(30)　33番めまでならべるとき，ならべるお金の合計は何円ですか。

1	(1)	
	(2)	
	(3)	
	(4)	
	(5)	
	(6)	
	(7)	
	(8)	
	(9)	
	(10)	

1	(11)	
	(12)	

2	(13)	（こ）
	(14)	(t)
	(15)	

3	(16)	
	(17)	まい

4	(18)	分　　　秒
	(19)	分　　　秒

5	(20)	

●答えを直すときは、消しゴムできれいに消してください。
●答えは、解答用紙にはっきりと書いてください。

ここにバーコードシールを
はってください。

太わくの部分は必ず記入してください。

ふりがな		受検番号
姓	名	－

生年月日　大正　昭和　平成　西暦	年　月　日生

性別（□をぬりつぶしてください）男□　女□	年齢　　歳

住所	□□□-□□□□	
		／30

公益財団法人 日本数学検定協会

5	(21)	
6	(22)	m
	(23)	(答え)　　　　　　　　　　m
7	(24)	度
	(25)	
	(26)	時
8	(27)	cm²
	(28)	cm
9	(29)	円玉
	(30)	円

● この検定が実施された日時を書いてください。

日付（　　）年（　　）月（　　）日

時間：（　　）時（　　）分　〜　（　　）時（　　）分

第4回

● 時間のある人はアンケートにご協力ください。あてはまるものの□をぬりつぶしてください。

算数・数学は得意ですか。
はい □　　いいえ □

検定時間はどうでしたか。
短い □　　よい □　　長い □

問題の内容はどうでしたか。
難しい □　　ふつう □　　易しい □

おもしろかった問題は何番ですか。 1 〜 9 までの中から2つまで選び，ぬりつぶしてください。

1 2 3 4 5 6 7 8 9 　　（よい例 **1**　悪い例 ✗ ）

監督官から「この検定問題は，本日開封されました」という宣言を聞きましたか。

（　はい □　　いいえ □　）

検定をしているとき，監督官はずっといましたか。

（　はい □　　いいえ □　）

·················· **Memo** ··················

8級 きゅう

算数検定
実用数学技能検定®
[文部科学省後援]

第5回　　　　　　　　　　　〔検定時間〕50分

検定上の注意

1. 自分が受検する階級の問題用紙であるか確認してください。
2. 検定開始の合図があるまで問題用紙を開かないでください。
3. 解答用紙の名前・受検番号・生年月日のらんは，書きもれのないように書いてください。
4. この表紙の右下のらんに，名前・受検番号を書いてください。
5. ものさし・分度器・コンパスを使用することができます。電卓を使用することはできません。
6. 携帯電話は電源を切り，検定中に使用しないでください。
7. 答えはすべて解答用紙に書いてください。
8. 問題用紙に印刷のはっきりしない部分がありましたら，検定監督官に申し出てください。
9. 検定が終わったら，この問題用紙は解答用紙といっしょに集めます。

名 前	
受検番号	－

第5回

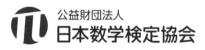

公益財団法人
日本数学検定協会

1 次の計算をしましょう。 (計算技能)

(1) 327＋544

(2) 5023−2456

(3) 69×5

(4) 803×76

(5) 45÷9

(6) 88÷4

(7) 864÷48

(8) 144−64÷8

(9) 4.62＋5.39

(10) 7.2−6.52

(11) $\dfrac{4}{9} + \dfrac{7}{9}$

(12) $1\dfrac{5}{13} - \dfrac{7}{13}$

2 次の □ にあてはまる数を求めましょう。

(13) 750000は，1000を □ こ集めた数です。

(14) 8000g＝ □ kg

(15) 0.1を2こと0.01を9こ合わせた数は □ です。

3 あきえさんは，645円の本と158円のノートを買いました。このとき，次の問題に答えましょう。

(16) 本とノートは合わせて何円ですか。

(17) あきえさんは，1000円札を1まい出しました。おつりは何円ですか。

4 なおやさんは，午前8時5分に東山駅を出発する電車に乗って，遊園地前駅まで行くことにしました。このとき，次の問題に答えましょう。

(18) なおやさんの家から東山駅までは，20分かかります。午前8時5分に東山駅に着くためには，なおやさんは家を午前何時何分に出ればよいですか。

(19) 遊園地前駅には，午前9時45分に着く予定です。なおやさんが電車に乗っている時間は，何時間何分ですか。

5 右の図のように，半径3cmの円が9つぴったりくっついています。点アから点ケまではそれぞれの円の中心です。四角形アウオキの辺が点イ，エ，カ，クを通るとき，次の問題に単位をつけて答えましょう。

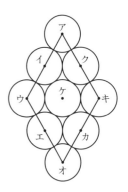

(20) 円の直径は何cmですか。

(21) 四角形アウオキのまわりの長さは何cmですか。

6 さくらさんとお父さんは，42.195 km のマラソンのコースを歩いています。いま，9.29 km のところまで歩きました。このとき，次の問題に答えましょう。

(22) 残りはあと何 km ですか。

(23) 2人は話し合って，全体の道のり（42.195 km）を3等分して，3日に分けて歩くことにしました。1日に歩く長さは何 km ですか。

7 世界には，日本と気温の変わり方がちがう国があります。右の折れ線グラフは，東京とブラジルのリオデジャネイロの，ある年の月別の最高気温を表したものです。これについて，次の問題に答えましょう。　（統計技能）

東京とリオデジャネイロの最高気温

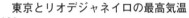
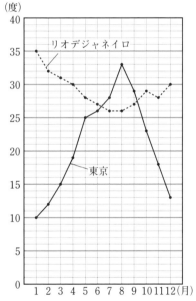

(24) 5月の東京の最高気温は何度ですか。

(25) 東京の最高気温がリオデジャネイロの11月の最高気温と同じなのは何月ですか。

(26) 東京のほうがリオデジャネイロより最高気温が高いのは，何月から何月までの間ですか。下の⑦から㋐までの中から1つ選んで，その記号で答えましょう。

　⑦　1月から6月までの間
　④　6月から10月までの間
　㋒　7月から9月までの間
　㋓　10月から12月までの間
　㋐　1月から6月までの間と10月から12月までの間

第5回

8 右の図のように，1辺の長さが12cm
の正方形を2つ重ねました。これについ
て，次の問題に答えましょう。

(測定技能)

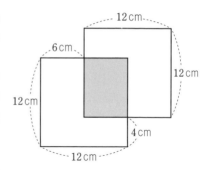

(27) 1辺の長さが12cmの正方形の面積は
何cm² ですか。この問題は，式と答えを
書きましょう。

(28) 色をぬった部分は長方形です。この長
方形の面積は何 cm² ですか。

9 下の□の中に，「＋」か「－」の記号を1つずつ入れて，式をつくります。

20□18□16□14□12□10□8□6□4□2

これについて，次の問題に答えましょう。　　　　　　　　(整理技能)

(29) 全部の□に「＋」を入れるとき，式を計算した結果を求めましょう。

(30) 1つの□にだけ「－」を入れ，残りの□に「＋」を入れて式を計算すると，結果が90になりました。「－」を入れたのはどこですか。⑧から⑰までの中から1つ選んで，その記号で答えましょう。

20⑧18⑩16⑦14⑧12⑧10⑰8⑧6⑧4⑰2

解 答 用 紙 　第 5 回 8級

1	(1)	
	(2)	
	(3)	
	(4)	
	(5)	
	(6)	
	(7)	
	(8)	
	(9)	
	(10)	

1	(11)	
	(12)	

2	(13)	（こ）
	(14)	（kg）
	(15)	

3	(16)	円
	(17)	円

4	(18)	午前　　時　　分
	(19)	時間　　分

5	(20)	

●答えを直すときは、消しゴムできれいに消してください。
●答えは、解答用紙にはっきりと書いてください。

太わくの部分は必ず記入してください。

ここにバーコードシールを
はってください。

ふりがな			受検番号
姓	名		―

生年月日　大正　昭和　平成　西暦	年　月　日生

性別（□をぬりつぶしてください）男□　女□　　年齢　　歳

住所	□□□-□□□□	

/30

公益財団法人 日本数学検定協会

5	(21)	
6	(22)	km
	(23)	km
7	(24)	度
	(25)	月
	(26)	
8	(27)	
		(答え) cm²
	(28)	cm²
9	(29)	
	(30)	

第5回

●この検定が実施された日時を書いてください。

時間 … ： … ～ （ ） 時 （ ） 分 ～ （ ） 時 （ ） 分

日付 … （ ） 年 （ ） 月 （ ） 日

●時間のある人はアンケートにご協力ください。あてはまるものの□をぬりつぶしてください。

算数・数学は得意ですか。	検定時間はどうでしたか。	問題の内容はどうでしたか。
はい □　いいえ □	短い □　よい □　長い □	難しい □　ふつう □　易しい □

おもしろかった問題は何番ですか。 1 ～ 9 までの中から2つまで選び、ぬりつぶしてください。

1　2　3　4　5　6　7　8　9　　　（よい例 **1**　悪い例 ☑）

監督官から「この検定問題は，本日開封されました」という宣言を聞きましたか。

（ はい □　いいえ □ ）

検定をしているとき，監督官はずっといましたか。

（ はい □　いいえ □ ）

57

8級 きゅう

算数検定
実用数学技能検定®
[文部科学省後援]

第6回　　　　　　　　　　　〔検定時間〕50分

───── 検定上の注意 ─────

1. 自分が受検する階級の問題用紙であるか確認してください。
2. 検定開始の合図があるまで問題用紙を開かないでください。
3. 解答用紙の名前・受検番号・生年月日のらんは，書きもれのないように書いてください。
4. この表紙の右下のらんに，名前・受検番号を書いてください。
5. ものさし・分度器・コンパスを使用することができます。電卓を使用することはできません。
6. 携帯電話は電源を切り，検定中に使用しないでください。
7. 答えはすべて解答用紙に書いてください。
8. 問題用紙に印刷のはっきりしない部分がありましたら，検定監督官に申し出てください。
9. 検定が終わったら，この問題用紙は解答用紙といっしょに集めます。

名前	
受検番号	―

第6回

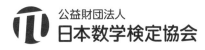

公益財団法人
日本数学検定協会

1 次の計算をしましょう。 (計算技能)

(1) ５２９＋４８３

(2) ７００３－３０５４

(3) ７４×８

(4) ５３７×４２

(5) ４８÷８

(6) ７７÷７

(7) ４７２÷５９

(8) １２５－２５×３

(9) ４.７５＋２.８４

(10) ９.１－３.４３

(11) $\dfrac{7}{11} + \dfrac{5}{11}$

(12) $1\dfrac{4}{9} - \dfrac{8}{9}$

2 次の □ にあてはまる数を求めましょう。

(13) 10000を4こと1000を9こ合わせた数は □ です。

(14) 3kg＝ □ g

(15) 0.1を5こと0.01を7こ合わせた数は □ です。

3 0から7までの8この数字を1回ずつ使って，8けたの整数をつくります。このとき，次の問題に答えましょう。

(16) いちばん大きい整数を書きましょう。

(17) 3000万にいちばん近い整数を書きましょう。

第6回

4 　下の表は，あやのさんの学校の4年生が空きかん拾いをしたときの，拾った場所と拾った数を，組ごとにまとめたものです。このとき，次の問題に答えましょう。

(統計技能)

拾った空きかんの数　　（こ）

	1組	2組	3組	合計
道路	15	9	12	36
公園	10	8	あ	31
その他	3	5	4	12
合計	28	22	29	79

(18)　2組が道路で拾った空きかんは何こですか。

(19)　あにあてはまる数を書きましょう。

5 　右の図のように，点アを中心とする半径6cmの円の中に，三角形を2つかきました。これについて，次の問題に答えましょう。

(20)　直線イウの長さが9cmのとき，あの三角形は何という三角形ですか。下の①，②，③の中から1つ選んで，その番号で答えましょう。

　　① 正三角形
　　② 二等辺三角形
　　③ 直角三角形

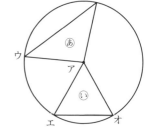

(21)　いの三角形が正三角形のとき，直線エオの長さは何cmですか。単位をつけて答えましょう。

6 　はやとさんとよしやさんは，３３６ページある本を読むことにしました。このとき，次の問題に答えましょう。

(22)　はやとさんは，毎日同じページ数を読んで，ちょうど１４日で読み終えることにしました。１日に何ページずつ読めばよいですか。この問題は，式と答えを書きましょう。

(23)　よしやさんは，毎日１６ページ読むことにしました。何日で読み終えますか。

7 　下の図のように，長方形のテーブルを１列にならべて，●の位置にいすを置きます。

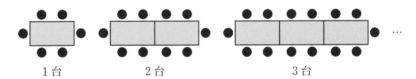

| 1台 | 2台 | 3台 | … |

　下の表は，テーブルの数を１台，２台，３台，…とふやしていったときの，いすの数をまとめたものです。これについて，次の問題に答えましょう。

テーブルの数(台)	1	2	3	4	5	
いすの数(きゃく)	6	10	14	㋐	22	

(24)　㋐にあてはまる数を答えましょう。

(25)　テーブルの数が７台のとき，いすの数は何きゃくですか。

(26)　いすの数が３８きゃくのとき，テーブルの数は何台ですか。

8 次の問題に答えましょう。

(27) 右の長方形の面積は何cm² ですか。単位を
つけて答えましょう。　　　　　(測定技能)

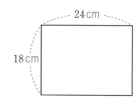

24 cm

18 cm

(28) 図1の図形の面積を，図2のように，大きい長方形から小さい長方形をひいて
求めます。

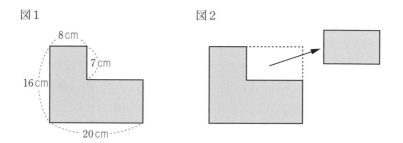

図1

8 cm

7 cm

16 cm

20 cm

図2

図2の求め方にあう式はどれですか。下の⑦から㋤までの中から1つ選んで，
その記号で答えましょう。

　⑦　16×8＋(16－7)×(20－8)

　④　7×8＋(16－7)×20

　⑨　16×20－7×(20－8)

　㋤　16×20－7×8

9 　アメリカ合衆国では，長さを表すときに，「m」や「cm」よりも，「ヤード」や「フィート」という単位を使う場合が多いです。1ヤードを0.91mとして，次の問題に答えましょう。
（整理技能）

(29)　12ヤードは何mですか。

(30)　1ヤードは3フィートです。75フィートは何mですか。

第6回

解答用紙

かい とう よう し

第 6 回 [8級]

1	（1）			**1**	（11）	
	（2）				（12）	
	（3）				（13）	
	（4）			**2**	（14）	（g）
	（5）				（15）	
	（6）			**3**	（16）	
	（7）				（17）	
	（8）			**4**	（18）	こ
	（9）				（19）	
	（10）			**5**	（20）	

● 答えを直すときは、消しゴムできれいに消してください。
● 答えは、解答用紙にはっきりと書いてください。

太わくの部分は必ず記入してください。

ここにバーコードシールを
はってください。

ふりがな			受検番号
姓		名	―
生年月日 大正 昭和 平成 西暦			年 月 日 生
性別（ □ をぬりつぶしてください）男 □ 女 □			年齢 歳
住所	□□□-□□□□		/30

公益財団法人 日本数学検定協会

5	(21)	
6	(22)	(答え)　　　　　　　　　　　　　　　ページ
	(23)	日
7	(24)	
	(25)	きゃく
	(26)	台
8	(27)	
	(28)	
9	(29)	m
	(30)	m

第6回

● 時間のある人はアンケートにご協力ください。あてはまるものの□をぬりつぶしてください。

算数・数学は得意ですか。
はい □　　いいえ □

検定時間はどうでしたか。
短い □　　よい □　　長い □

問題の内容はどうでしたか。
難しい □　　ふつう □　　易しい □

おもしろかった問題は何番ですか。　1 ～ 9 までの中から2つまで選び，ぬりつぶしてください。

1　2　3　4　5　6　7　8　9　　（よい例 ■　　悪い例 ☒ ）

監督官から「この検定問題は，本日開封されました」という宣言を聞きましたか。
（　はい □　　いいえ □　）

検定をしているとき，監督官はずっといましたか。
（　はい □　　いいえ □　）

◉執筆協力：株式会社 シナップス
◉DTP：株式会社 千里
◉装丁デザイン：星 光信（Xing Design）
◉装丁イラスト：たじま なおと

◉編集担当：粕川 真紀・阿部 加奈子

実用数学技能検定 過去問題集 算数検定8級

2021年4月30日　初　版発行
2024年3月20日　第4刷発行

編　　者	公益財団法人 日本数学検定協会
発行者	髙田 忍
発行所	公益財団法人 日本数学検定協会
	〒110-0005 東京都台東区上野五丁目1番1号
	FAX 03-5812-8346
	https://www.su-gaku.net/
発売所	丸善出版株式会社
	〒101-0051 東京都千代田区神田神保町二丁目17番
	TEL 03-3512-3256　FAX 03-3512-3270
	https://www.maruzen-publishing.co.jp/
印刷・製本	倉敷印刷株式会社

ISBN978-4-901647-95-3　C0041

算数検定

実用数学技能検定® 数検
過去問題集 8級

〈別冊〉
解答と解説

※本体からとりはずすこともできます。

公益財団法人 日本数学検定協会

1

(1) 筆算で計算します。

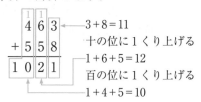

3+8=11
十の位に1くり上げる
1+6+5=12
百の位に1くり上げる
1+4+5=10

答え 1021

(2) 筆算で計算します。

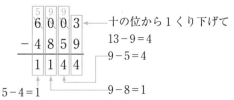

十の位から1くり下げて
13−9=4
9−5=4
5−4=1
9−8=1

答え 1144

(3) 筆算で計算します。

```
   9 4
×    8
-------
 7 5 2
```

9×8にくり上げた3をたして75

答え 752

(4) 筆算で計算します。

```
    4 1 5
×    7 4
---------
  1 6 6 0   ← 415×4
2 9 0 5     ← 415×7
---------
3 0 7 1 0
```

答え 30710

(5) 40÷8=5 　8のだんの九九を使います。

　　　　　　8に何をかければ40になるかを考えます。

答え 5

(6) 93を，90と3に分けてわり算します。

$$93 \begin{cases} 90 \div 3 = 30 \\ 3 \div 3 = 1 \end{cases}$$ 　　30と1をたして31

答え 　31

(7) 筆算で計算します。

```
      6
83) 4 9 8
    4 9 8  ← 83×6
    ─────
        0
```

答え 　6

> わり算の筆算は，大きい位から，たてる→かける→ひく→おろすの順で計算します。

(8) $265 + 135 \div 5 = 265 + 27$
　　　　　　❶
　　　　❷　　　 $= 292$

❶を筆算で計算すると

```
      2 7
5) 1 3 5
   1 0
   ───
     3 5
     3 5
     ───
       0
```

答え 　292

> ×，÷　→　＋，−の順に計算します。

(9) 筆算で計算します。

```
  1 1
  3 . 1 6
+ 5 . 8 7
─────────
  9 . 0 3
```
←位をそろえて書く

←上の小数点にそろえて，小数点をうつ

答え 　9.03

> 小数のたし算・ひき算の筆算は，位をそろえて書き，整数のたし算・ひき算と同じように計算します。答えの小数点は，上の小数点にそろえてうちます。

(10) 筆算で計算します。

```
  5 2
  6 . 3 0  ← 6.3を6.30と考える
− 4 . 6 2
─────────
  1 . 6 8
```
←上の小数点にそろえて，小数点をうつ

答え 　1.68

(11) $\dfrac{6}{7} + \dfrac{5}{7} = \dfrac{11}{7} = 1\dfrac{4}{7}$

答え 　$1\dfrac{4}{7}\left(\dfrac{11}{7}\right)$

> 分母が同じ分数のたし算・ひき算は，分母はそのままにして，分子どうしをたし算，ひき算します。

(12) $1\dfrac{2}{11} - \dfrac{8}{11} = \dfrac{13}{11} - \dfrac{8}{11} = \dfrac{5}{11}$

　　帯分数を仮分数　分子どうしをひく
　　になおす

答え　$\dfrac{5}{11}$

2

(13) 　10000を5こで50000

　　1000を2こで2000

　　合わせて52000

答え　52000

(14) 　1分＝60秒だから，2分は60秒の2こ分で120秒です。

　　120＋50＝170（秒）

答え　170（秒）

(15) 　0.1を7こで0.7

　　0.01を3こで0.03

　　合わせて0.73

答え　0.73

3

(16)

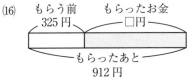

$$\begin{array}{r} 9\overset{8}{\cancel{1}}\overset{0}{\cancel{2}} \\ -\ 3\,2\,5 \\ \hline 5\,8\,7 \end{array}$$

　すみれさんがお母さんから何円かもらったあとのお金912円から，もらう前
に持っているお金325円をひきます。

　　912－325＝587（円）

答え　587 円

(17)

912円　
もらったあと　　　　　□円　
本のねだん　　
1230円　

$$\begin{array}{r} 1\,2\,\overset{2}{\cancel{3}}\,0 \\ -\ \ 9\,1\,2 \\ \hline 3\,1\,8 \end{array}$$

　本のねだん1230円から，すみれさんが持っているお金912円をひきます。

　　1230－912＝318（円）

答え　318円

4

⑱　まことさんの家からスーパーマーケットまでの道のり780mに，スーパーマーケットから図書館までの道のり900mをたします。

　　　780 + 900 = 1680 (m)

```
    7 8 0
  + 9 0 0
  ───────
  1 6 8 0
```

答え　　1680m

⑲　1 km = 1000mだから，ポストの前を通って行く道のりは，

　　　1 km200m = 1000m + 200m = 1200m

　　駅の前を通って行く道のりは，

　　　800 + 650 = 1450 (m)

```
    8 0 0
  + 6 5 0
  ───────
  1 4 5 0
```

　　駅の前を通って行く道のり1450mから，
ポストの前を通って行く道のり1200mを
ひきます。

　　　1450 - 1200 = 250 (m)

```
    1 4 5 0
  - 1 2 0 0
  ─────────
      2 5 0
```

答え　　250m

5

⑳　半径の長さは直径の半分です。

　　円の直径は12cmだから，半径は，

　　　12 ÷ 2 = 6 (cm)

答え　　6cm

㉑　三角形アイウの1辺は，円の半径の2こ分と同じ長さです。
三角形アイウのまわりの長さは，円の半径6こ分だから，

　　　6 × 6 = 36 (cm)

答え　36cm

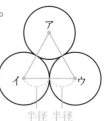

半径　半径

6

(22)

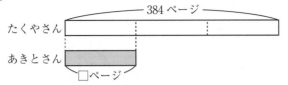

たくやさんが読んでいる本のページ数384ページは，あきとさんが読んでいる本のページ数の3倍なので，

384 ÷ 3 = 128（ページ）

$$
\begin{array}{r}
128 \\
3\overline{\smash{)}384} \\
\underline{3} \\
8 \\
\underline{6} \\
24 \\
\underline{24} \\
0
\end{array}
$$

答え　128ページ

(23)　本のページ数384ページを1日に読むページ数32ページでわります。

384 ÷ 32 = 12（日）

$$
\begin{array}{r}
12 \\
32\overline{\smash{)}384} \\
\underline{32} \\
64 \\
\underline{64} \\
0
\end{array}
$$

式　　384 ÷ 32 = 12

答え　12日

7

(24)　プールの水温のグラフで，点•がいちばん上にあるところが，水温がいちばん高いです。水温がいちばん高い時こくは午後3時です。　答え　午後3時

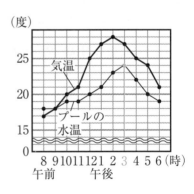

⑵⑤ 気温のグラフで，線のかたむきが右上が
りでいちばん急なところが，気温の上がり
方がいちばん大きいです。午前11時から午
前12時までの間の⑤です。

答え　⑤

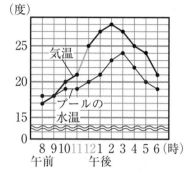

⑵⑥ 気温とプールの水温のちがいがいちばん
大きいのは，2つのグラフの間がいちばん
はなれている時こくなので，午後1時です。

答え　午後1時

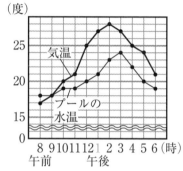

8

⑵⑦ 分度器を使ってはかると，⑥の角度は75°です。

答え　75°

⑵⑧ ⑤の角度は，180°と⑤の角度をたした角度です。
⑤の角度をはかると157°だから，⑥の角度は，
180° + 157° = 337°

答え　337°

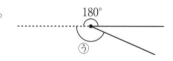

別の解き方

⑥の角度は，360°から⑥の角度をひいた角度で
す。⑥の角度をはかると23°だから，⑥の角度は，
360° − 23° = 337°

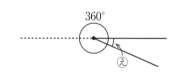

9

(29) 9列めは，1，3，2，1，3，2，…の順にならんでいることがわかります。

「7行め9列め」が1なので，その下の「8行め9列め」の数字は3です。

答え   3

	1列	2列	3列	4列	5列	6列	7列	8列	9列	…
1行	3	2	1	3	2	1	3	2	1	…
2行	2	1	3	2	1	3	2	1	3	…
3行	1	3	2	1	3	2	1	3	2	…
4行	3	2	1	3	2	1	3	2	1	…
5行	2	1	3	2	1	3	2	1	3	…
6行	1	3	2	1	3	2	1	3	2	…
7行	3	2	1	3	2	1	3	2	1	…
8行									3	…
⋮	⋮	⋮	⋮	⋮	⋮	⋮	⋮	⋮	⋮	

別の解き方

1列めは，3，2，1，3，2，1，…の順にならんでいます。

1行めは，3，2，1，3，2，1，…，2行めは，2，1，3，2，1，3，…，3行めは，1，3，2，1，3，2，…の順にならんでいます。□□□で囲った1行めから3行めの1列めから9列めまでのならび方がくり返されるので，8行めは，2行め，5行めと同じように，2，1，3，2，1，3，…とくりかえされることになります。8行め9列めの数字は3です。

	1列	2列	3列	4列	5列	6列	7列	8列	9列	…
1行	3	2	1	3	2	1	3	2	1	…
2行	2	1	3	2	1	3	2	1	3	…
3行	1	3	2	1	3	2	1	3	2	…
4行	3	2	1	3	2	1	3	2	1	…
5行	2	1	3	2	1	3	2	1	3	…
6行	1	3	2	1	3	2	1	3	2	…
7行	3	2	1	3	2	1	3	2	1	…
8行	2	1	3	2	1	3	2	1	3	…
⋮	⋮	⋮	⋮	⋮	⋮	⋮	⋮	⋮	⋮	

(30) 10列めの数字を考えて，ならび方がくり返されている行をさがします。□□□で囲った1行めから3行めの1列めから10列めまでのならび方がくり返されていることがわかります。

1つの□□□の中に，1は10こあります。12行めまでに□□□は4つあるので，1行めから12行めの1列めから10列めまでの1のこ数は，

$$10 \times 4 = 40（こ）$$

答え   40こ

	1列	2列	3列	4列	5列	6列	7列	8列	9列	10列	…
1行	3	2	1	3	2	1	3	2	1	3	…
2行	2	1	3	2	1	3	2	1	3	2	…
3行	1	3	2	1	3	2	1	3	2	1	…
4行	3	2	1	3	2	1	3	2	1	3	…
5行	2	1	3	2	1	3	2	1	3	2	…
6行	1	3	2	1	3	2	1	3	2	1	…
7行	3	2	1	3	2	1	3	2	1	3	…
8行	2	1	3	2	1	3	2	1	3	2	…
9行	1	3	2	1	3	2	1	3	2	1	…
10行	3	2	1	3	2	1	3	2	1	3	…
11行	2	1	3	2	1	3	2	1	3	2	…
12行	1	3	2	1	3	2	1	3	2	1	…
⋮	⋮	⋮	⋮	⋮	⋮	⋮	⋮	⋮	⋮	⋮	

1

(1) 筆算で計算します。

```
  1 1
  2 9 6     ← 6+4=10
+ 5 7 4        十の位に1くり上げる
─────────
  8 7 0
```

1+2+5=8 ─── 1+9+7=17
         百の位に1くり上げる

答え　870

(2) 筆算で計算します。

```
      7 9
  7 8 0 1     ← 十の位から1くり下げて
- 3 3 4 8        11-8=3
─────────
  4 4 5 3     ← 9-4=5
```

7-3=4 ─── 7-3=4

答え　4453

(3) 筆算で計算します。

```
    3 7
  ×   6
───────
  2 2 2
```

─── 3×6にくり上げた4をたして22

答え　222

(4) 筆算で計算します。

```
    2 8 9
  ×   4 5
─────────
  1 4 4 5   ← 289×5
  1 1 5 6   ← 289×4
─────────
1 3 0 0 5
```

答え　13005

(5) 54÷6=9　6のだんの九九を使います。

6に何をかければ54になるかを考えます。

答え　9

(6) 96を，90と6に分けてわり算します。

$$96 \begin{cases} 90 \div 3 = 30 \\ 6 \div 3 = 2 \end{cases}$$ 　　30と2をたして32　　　　　　　答え　32

(7) 筆算で計算します。

```
      2 6
38 ) 9 8 8
      7 6    ← 38×2
      2 2 8
      2 2 8  ← 38×6
          0
```

答え　26

> わり算の筆算は，大きい位から，たてる→かける→ひく→おろすの順で計算します。

(8) $27 + 38 \times 14 = 27 + 532$
　　　　　　　　　　　　　　$= 559$

❶を筆算で計算すると

```
    3 8
  × 1 4
  1 5 2
  3 8
  5 3 2
```

答え　559

> ×，÷　→　＋，－の順に計算します。

(9) 筆算で計算します。

```
    1  1
  5 . 8 3      ← 位をそろえて書く
+ 2 . 1 9
  8 . 0 2
```
—— 上の小数点にそろえて，小数点をうつ

答え　8.02

> 小数のたし算・ひき算の筆算は，位をそろえて書き，整数のたし算・ひき算と同じように計算します。答えの小数点は，上の小数点にそろえてうちます。

(10) 筆算で計算します。

```
    6  9
  7 . 0 2      ← 位をそろえて書く
- 4 . 8 5
  2 . 1 7
```
—— 上の小数点にそろえて，小数点をうつ

答え　2.17

(11) $\dfrac{5}{7} + \dfrac{4}{7} = \dfrac{9}{7} = 1\dfrac{2}{7}$

答え　$1\dfrac{2}{7}\left(\dfrac{9}{7}\right)$

> 分母が同じ分数のたし算・ひき算は，分母はそのままにして，分子どうしをたし算，ひき算します。

(12) $2\dfrac{3}{11} - \dfrac{9}{11} = \dfrac{25}{11} - \dfrac{9}{11} = \dfrac{16}{11} = 1\dfrac{5}{11}$

帯分数を仮分数　分子どうしをひく
になおす

答え $1\dfrac{5}{11}\left(\dfrac{16}{11}\right)$

2

(13) 位をそろえて書くと，こ数がわかります。

90000は1000を90こ，100000は1000を100こ集めた数です。

十万の位	一万の位	千の位	百の位	十の位	一の位
1	9	0	0	0	0
		1	0	0	0

答え　190（こ）

(14) 1分＝60秒だから，598秒から60秒をひけるだけひくと，

$598 - 60 - 60 - 60 - 60 - 60 - 60 - 60 - 60 - 60 = 58（秒）$

答え　9（分）58（秒）

(15) 0.1を6こで0.6

0.01を2こで0.02

合わせて0.62

答え　0.62

3

(16) 25こ入りのクリップのふくろが7つ分だから，かけ算で求めます。

$25 \times 7 = 175（こ）$

```
    2 5
  ×   7
  1 7 5
```

答え　175こ

(17) 折り紙48まいを4人で分けるから，わり算で求めます。

$48 \div 4 = 12（まい）$

```
        1 2
  4 ) 4 8
      4
      8
      8
      0
```

答え　12まい

12

4

⑱ 午前 8 時 5 分から午前 8 時23分までの時間は18分です。

答え 　18 分

⑲ 午前 8 時は午前 8 時 5 分の 5 分前です。45 − 5 ＝ 40（分）で，午前 8 時の40分前の時こくは，午前 7 時20分です。

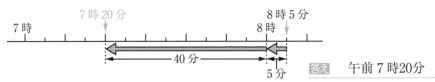

答え 　午前 7 時20分

5

⑳ 直径は半径の 2 倍です。

ボールの半径は 5 cmだから，直径は，

$5 \times 2 = 10$（cm）

答え 　10 cm

㉑ 箱を真上から見ると，右の図のようになります。

あの長さは，ボールの直径の 3 こ分だから，

$10 \times 3 = 30$（cm）

答え 　30 cm

6

㉒ 歩いた道のり $\frac{6}{7}$ kmに，バスで行った道のり $2\frac{2}{7}$ kmをたします。

$\frac{6}{7} + 2\frac{2}{7} = 2\frac{8}{7} = 3\frac{1}{7}$（km）

答え 　$3\frac{1}{7}\left(\frac{22}{7}\right)$km

㉓ バスで行った道のり $2\frac{2}{7}$ kmから，歩いた道のり $\frac{6}{7}$ kmをひきます。

$2\frac{2}{7} - \frac{6}{7} = \frac{16}{7} - \frac{6}{7} = \frac{10}{7} = 1\frac{3}{7}$（km）

帯分数を仮分数　分子どうしをひく
になおす

式 　$2\frac{2}{7} - \frac{6}{7} = \frac{16}{7} - \frac{6}{7} = \frac{10}{7} = 1\frac{3}{7}$

答え 　$1\frac{3}{7}\left(\frac{10}{7}\right)$km

7

(24) 最低気温のグラフをよむと，1月の最低気
温は，0度より1目もり上だから，1度です。

答え　1度

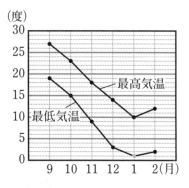

(25) 最高気温のグラフをよむと，10月の最高気
温は23度，11月の最高気温は18度だから，

23－18＝5（度）　　　　答え　5度

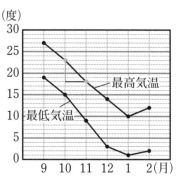

(26) 最高気温と最低気温のちがいが，いちばん
大きいのは，2つのグラフの間がいちばんは
なれている月なので，12月です。

答え　12月

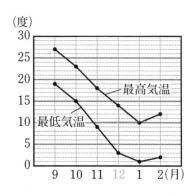

8

(27)　7×7＝49（cm²）

正方形の面積＝1辺×1辺

答え　49cm²

⒇ 図1のように，左と右の2つの長方形に分けて考えます。

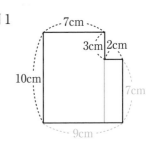

図1

左の長方形の面積は，

$$10 \times 7 = 70 \, (\text{cm}^2)$$

右の長方形の面積は，

$$7 \times 2 = 14 \, (\text{cm}^2)$$

左の長方形と右の長方形の面積をたすと，

$$70 + 14 = 84 \, (\text{cm}^2)$$

> 長方形の面積＝たて×横

答え　$84 \, \text{cm}^2$

別の解き方1

図2のように，上と下の2つの長方形に分けて考えます。

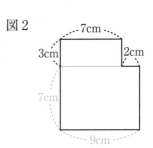

図2

上の長方形の面積は，

$$3 \times 7 = 21 \, (\text{cm}^2)$$

下の長方形の面積は，

$$7 \times 9 = 63 \, (\text{cm}^2)$$

上の長方形と下の長方形の面積をたすと，

$$21 + 63 = 84 \, (\text{cm}^2)$$

別の解き方2

図3のように，大きい長方形から小さい長方形をとりのぞいた形を考えます。

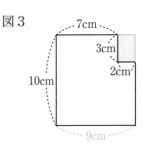

図3

大きい長方形の面積は，

$$10 \times 9 = 90 \, (\text{cm}^2)$$

小さい長方形の面積は，

$$3 \times 2 = 6 \, (\text{cm}^2)$$

大きい長方形から小さい長方形の面積をひくと

$$90 - 6 = 84 \, (\text{cm}^2)$$

9

(29) なおきさんのほうが合計点が2点高いので，正かいだったのはなおきさんです。

答え　**なおきさん**

(30) (29)より，問題2の正かいは○いなので，たくやさんは問題2をまちがえています。

たくやさんは合計点が6点なので，問題1，問題3，問題4の3問を正かいしていることになります。

したがって，問題1は○あ，問題2は○い，問題3は○い，問題4は○いが正かいです。

まさきさんの合計点は，

$0+2+0+0=2$（点）

答え　**2点**

	問題1	問題2	問題3	問題4	合計点
けんと	い	あ	い	あ	2
なおき	い	い	い	あ	4
たくや	あ	あ	い	い	6
まさき	い	い	あ	あ	

	問題1	問題2	問題3	問題4	合計点
けんと	い	あ×	い	あ	2
なおき	い	い○	い	あ	4
たくや	あ	あ×	い	い	6
まさき	い	い○	あ	あ	

	問題1	問題2	問題3	問題4	合計点
けんと	い	あ×	い	あ	2
なおき	い	い○	い	あ	4
たくや	あ○	あ×	い○	い○	6
まさき	い	い○	あ	あ	

	問題1	問題2	問題3	問題4	合計点
けんと	い	あ	い	あ	2
なおき	い	い	い	あ	4
たくや	あ○	あ×	い○	い○	6
まさき	い×	い○	あ×	あ×	2

1

(1) 筆算で計算します。

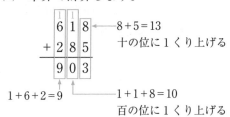

```
  1 1
  6 1 8    ← 8+5=13
+ 2 8 5      十の位に 1 くり上げる
  9 0 3
```

1+6+2＝9 ─ 1+1+8=10
百の位に 1 くり上げる

答え　903

(2) 筆算で計算します。

```
  6 1
  7 2 5 9    ← 9−2=7
− 5 4 6 2
  1 7 9 7
```

─ 百の位から 1 くり下げて
15−6＝9

6−5＝1 ─ 千の位から 1 くり下げて
11−4＝7

答え　1797

(3) 筆算で計算します。

```
    3 8
  ×   4
  1 5 2
```

─ 3×4にくり上げた 3 をたして15

答え　152

(4) 筆算で計算します。

```
    1 2 9
  ×   3 6
    7 7 4    ←─ 129×6
  3 8 7      ←─ 129×3
  4 6 4 4
```

答え　4644

(5) $28÷7＝4$　　7 のだんの九九を使います。

7 に何をかければ28になるかを考えます。　答え　4

(6) 69を，60と9に分けてわり算します。

$$69 \begin{cases} 60 \div 3 = 20 \\ 9 \div 3 = 3 \end{cases}$$ 20と3をたして23

答え　23

(7) 筆算で計算します。

```
        1 9
  4 8 ) 9 1 2
        4 8    ← 48×1
        4 3 2
        4 3 2  ← 48×9
            0
```

> わり算の筆算は，大きい位から，たてる→かける→ひく→おろすの順で計算します。

答え　19

(8) $9 + 6 \times 2 = 9 + 12$
　　　　　　　　$= 21$

> ×，÷　→　＋，－の順に計算します。

答え　21

(9) 筆算で計算します。

```
    5. 1 4
  + 4. 0 7    ← 位をそろえて書く
    9. 2 1
```
　　　　　　　上の小数点にそろえて，
　　　　　　　小数点をうつ

> 小数のたし算・ひき算の筆算は，位をそろえて書き，整数のたし算・ひき算と同じように計算します。答えの小数点は，上の小数点にそろえてうちます。

答え　9.21

(10) 筆算で計算します。

```
    9. 2 3
  − 7. 3 0    ← 7.3を7.30と考える
    1. 9 3
```
　　　　　　上の小数点にそろえて，小数点をうつ

答え　1.93

(11) $\dfrac{4}{5} + \dfrac{3}{5} = \dfrac{7}{5} = 1\dfrac{2}{5}$

答え　$1\dfrac{2}{5}\left(\dfrac{7}{5}\right)$

> 分母が同じ分数のたし算・ひき算は，分母はそのままにして，分子どうしをたし算，ひき算します。

(12) $1\dfrac{1}{7}-\dfrac{6}{7}=\dfrac{8}{7}-\dfrac{6}{7}=\dfrac{2}{7}$

帯分数を仮分数　分子どうしをひく
になおす

答え　$\dfrac{2}{7}$

2

(13) 10000を7こで70000

1000を5こで5000

合わせて75000

答え　75000

(14) 1分＝60秒だから，2分は60秒の2こ分で120秒です。

　　120＋10＝130（秒）

答え　130（秒）

(15) 0.1を4こで0.4

0.01を8こで0.08

合わせて0.48

答え　0.48

3

(16) 1さつ76円のノートが9さつ分だから，かけ算で求めます。

　　76×9＝684（円）

$$\begin{array}{r} 76 \\ \times\ 9 \\ \hline 684 \end{array}$$

答え　684円

(17) 1ふくろ258円のおかしのつめ合わせが12ふくろ分だから，かけ算で求めます。

　　258×12＝3096（円）

$$\begin{array}{r} 258 \\ \times\ 12 \\ \hline 516 \\ 258 \\ \hline 3096 \end{array}$$

答え　3096円

4

⒅ 午後2時は午後2時10分の10分前です。15－10＝5（分）で，午後2時の5分前の時こくは，午後1時55分です。

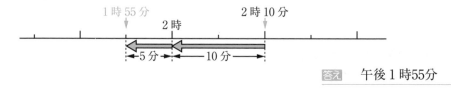

答え　　午後1時55分

⒆ 午後2時10分から午後4時10分までの時間は2時間，午後4時10分から午後4時45分までの時間は35分だから，合わせて2時間35分です。

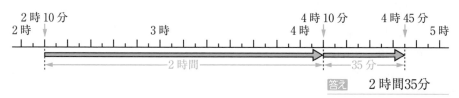

答え　　2時間35分

5

⒇ 下の図のように，直線アイのところで切り取った紙を広げると，1辺の長さが8×2＝16（cm）の三角形ができます。この三角形が正三角形になるようにするには，すべての辺の長さが等しければよいので，直線アイの長さは16cmです。

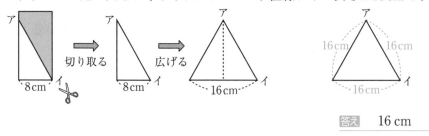

答え　　16 cm

⑵ 二等辺三角形は2つの辺の長さが等しい三角形です。下の図の三角形のうち
どれか1つをかけばよいです。

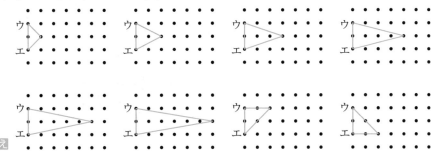

6

⑵ ポットのお茶$1\frac{4}{9}$Lと，水とうのお茶$\frac{7}{9}$Lをたします。

$$1\frac{4}{9}+\frac{7}{9}=1\frac{11}{9}=2\frac{2}{9}(L)$$

答え　$2\frac{2}{9}\left(\frac{20}{9}\right)$L

⑵ ポットのお茶$1\frac{4}{9}$Lから，飲んだお茶$\frac{5}{9}$Lをひきます。

$$1\frac{4}{9}-\frac{5}{9}=\frac{13}{9}-\frac{5}{9}=\frac{8}{9}(L)$$

帯分数を仮分数　分子どうしをひく
になおす

答え　$\frac{8}{9}$L

7

⑵ 午前9時の気温は，10度の1目もり上だ
から，11度です。　答え　11度

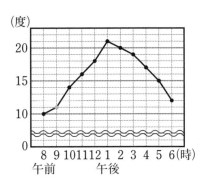

⑵⑸ 点・がいちばん上にあるところが，気温
がいちばん高いです。気温がいちばん高い
時こくは午後1時です。

答え　　午後1時

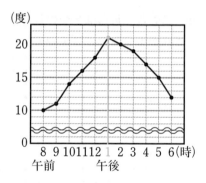

⑵⑹ 線のかたむきが右下がりでいちばん急な
ところが，気温の下がり方がいちばん大き
いです。午後5時から午後6時の間の⑤と
なります。　　　　　　　　　　答え　　⑤

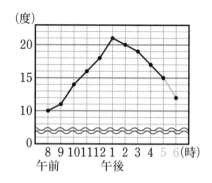

8

⑵⑺ 分度器を使ってはかると，あの角度は73°です。

答え　　73°

⑵⑻ ⑤の角度は，180°と⑤の角度をたした角度です。
　⑤の角度をはかると144°だから，⑥の角度は，
　　　180° + 144° = 324°　　　　答え　　324°

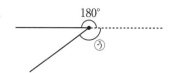

別の解き方

　⑥の角度は，360°から⑥の角度をひいた角度で
す。⑥の角度をはかると36°だから，⑥の角度は，
　　　360° - 36° = 324°

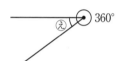

9

(29) Aの箱の重さを，ゆうかさんが運ぶ箱で考えます。

Aの箱1つの重さが1kgであるとすると，7つで7kgです。残りの箱の重さは16－7＝9(kg)です。残りの箱はBが3つであるから，Bの箱1つの重さは9÷3＝3(kg)です。

Aの箱の重さを2kgであるとすると，2×7＝14(kg)です。残りの箱の重さは16－14＝2(kg)ですが，Bの箱の重さがいちばん軽い1kgであっても，3つで3kgあるので，箱の重さの合計の16kgより重くなってしまいます。

よって，Aの箱1つの重さは1kgとなります。　　　　　　答え　　1kg

別の解き方

Aの箱の重さを，ひろきさんが運ぶ箱とゆうかさんが運ぶ箱で考えます。

ひろきさんが運ぶ箱とゆうかさんが運ぶ箱から，それぞれAの箱を1つとBの箱を3つ取りのぞくと，ひろきさんが運ぶ箱はBの箱が2つ，ゆうかさんが運ぶ箱はAの箱が6つ残ります。

2人が運ぶ箱の重さの合計が等しく，それぞれ同じ箱を取りのぞいたので，Bの箱2つとAの箱6つの重さは等しいです。つまり，それぞれを半分にしたBの箱1つとAの箱3つの重さは等しいです。

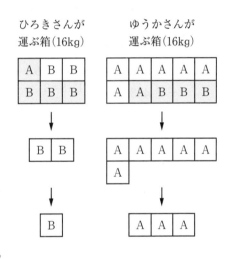

ひろきさんが運ぶ箱(16kg)　　　ゆうかさんが運ぶ箱(16kg)

ゆうかさんが運ぶ箱のうち，Bの箱3つをAの箱におきかえます。Bの箱1つと重さが等しいのは，Aの箱3つだから，Bの箱3つはAの箱9つにおきかえます。元のAの箱の数7つと合わせると，Aの箱の数は7＋9＝16(つ)です。箱の重さの合計16kgをAの箱の数でわると，16÷16＝1(kg)だから，Aの箱1つの重さは1kgです。

(30) (29)より，Bの箱1つの重さは3kgです。

Cの箱の重さを，ともやさんが運ぶ箱で考えます。

Aが2つで2kg，残りの箱の重さは16－2＝14(kg)だから，Cの箱の重さは14÷2＝7(kg)です。

よって，Bは3kg，Cは7kgです。　　　　　答え　　B　3kg，C　7kg

1

(1) 筆算で計算します。

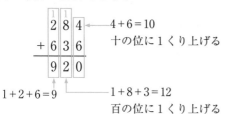

$$
\begin{array}{r}
2\,8\,4 \\
+\;6\,3\,6 \\
\hline
9\,2\,0
\end{array}
$$

←4+6=10
十の位に1くり上げる

1+2+6=9 ──── 1+8+3=12
百の位に1くり上げる

答え 920

(2) 筆算で計算します。

$$
\begin{array}{r}
8\,0\,0\,1 \\
-\;7\,4\,3\,8 \\
\hline
5\,6\,3
\end{array}
$$

←十の位から1くり下げて
11-8=3

9-3=6

9-4=5

答え 563

(3) 筆算で計算します。

$$
\begin{array}{r}
7\,5 \\
\times\quad 9 \\
\hline
6\,7\,5
\end{array}
$$

──7×9にくり上げた4をたして67

答え 675

(4) 筆算で計算します。

$$
\begin{array}{r}
4\,8\,3 \\
\times\quad 8\,5 \\
\hline
2\,4\,1\,5 \\
3\,8\,6\,4\quad \\
\hline
4\,1\,0\,5\,5
\end{array}
$$

←483×5

←483×8

答え 41055

(5) 54÷9=6　　9のだんの九九を使います。

9に何をかければ54になるかを考えます。

答え 6

(6) 84を，80と4に分けてわり算します。

$$84 \begin{cases} 80 \div 2 = 40 \\ 4 \div 2 = 2 \end{cases}$$　　40と2をたして42　　　答え　42

(7) 筆算で計算します。

$$67 \overline{\smash{)}\ 536} \quad \begin{array}{r} 8 \\ \hline 536 \end{array} \leftarrow 67 \times 8$$
$$\phantom{67 \overline{\smash{)}\ 536}\ } 0$$

答え　8

> わり算の筆算は，大きい位から，
> たてる→かける→ひく→おろす
> の順で計算します。

(8) $152 + 48 \times 8 = 152 + 384$
$$ = 536$$

❶を筆算で計算すると

$$\begin{array}{r} 48 \\ \times\ \ 8 \\ \hline 384 \end{array}$$

> ×，÷　→　＋，−の順に計算します。

答え　536

(9) 筆算で計算します。

$$\begin{array}{r} \overset{1}{2}.\overset{1}{6}5 \\ +\ 5.46 \\ \hline 8.11 \end{array}$$ ←位をそろえて書く

└─ 上の小数点にそろえて，
小数点をうつ

答え　8.11

> 小数のたし算・ひき算の
> 筆算は，位をそろえて書
> き，整数のたし算・ひき
> 算と同じように計算しま
> す。答えの小数点は，上
> の小数点にそろえてうち
> ます。

(10) 筆算で計算します。

$$\begin{array}{r} \overset{7}{8}.\overset{2}{3}0 \\ -\ 4.52 \\ \hline 3.78 \end{array}$$ ←8.3を8.30と考える

└─ 上の小数点にそろえて，小数点をうつ

答え　3.78

(11) $\dfrac{3}{7} + \dfrac{6}{7} = \dfrac{9}{7} = 1\dfrac{2}{7}$

答え　$1\dfrac{2}{7}\left(\dfrac{9}{7}\right)$

> 分母が同じ分数のたし算・ひき算は，分母はそのままにして，
> 分子どうしをたし算，ひき算します。

(12) $1\dfrac{1}{9} - \dfrac{2}{9} = \dfrac{10}{9} - \dfrac{2}{9} = \dfrac{8}{9}$

　　　帯分数を仮分数　分子どうしをひく
　　　になおす

答え　$\dfrac{8}{9}$

2

(13) 位をそろえて書くと，こ数がわかります。

7000は1000を7こ，20000は1000を20こ集めた数です。

一万の位	千の位	百の位	十の位	一の位
2	7	0	0	0
	1	0	0	0

答え　27（こ）

(14) 1000 kg = 1 tだから，3000 kg = 3 t

答え　3（t）

(15) 0.1を8こで0.8

0.01を5こで0.05

合わせて0.85

答え　0.85

3

(16)

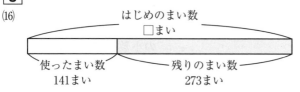

はじめのまい数□まいから使ったまい数141まいをひくと，残りのまい数273
まいになります。

　　　□－141 = 273（まい）

　　正しい式は，⒤です。

答え　⒤

(17) はじめのまい数□まいは，使ったまい数141まいと残りのまい数273まいをた
した数です。

　　　□ = 141 + 273

　　　　= 414（まい）

$$\begin{array}{r} \overset{1}{1}41 \\ +\ 273 \\ \hline 414 \end{array}$$

答え　414まい

26

4

(18)

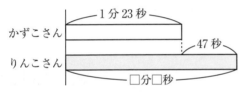

かずこさんの記録1分23秒と，かずこさんとりんこさんの記録のちがい47秒
をたします。同じ単位どうしをたして，

1分23秒＋47秒＝1分70秒

1分＝60秒だから，70秒＝1分10秒

1分70秒＝2分10秒

答え　　2分10秒

(19)

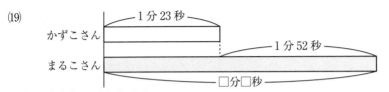

かずこさんの記録1分23秒と，かずこさんとまるこさんの記録のちがい1分
52秒をたします。同じ単位どうしをたして，

1分23秒＋1分52秒＝2分75秒

1分＝60秒だから，75秒＝1分15秒

2分75秒＝3分15秒

答え　　3分15秒

5

(20)　二等辺三角形の2つの辺の長さは等しいので，
あの長さは10cmです。　　　答え　　10cm

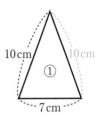

(21)　二等辺三角形①のまわりの長さは，

10＋10＋7＝27（cm）

正三角形の3つの辺の長さはすべて等しいから，

27÷3＝9（cm）　　　答え　　9cm

6

(22) 赤いリボンの長さ $1\frac{4}{5}$ m と，青いリボンの長さ $2\frac{2}{5}$ m をたします。

$$1\frac{4}{5} + 2\frac{2}{5} = 3\frac{6}{5} = 4\frac{1}{5} \text{(m)}$$

答え $4\frac{1}{5}\left(\frac{21}{5}\right)$ m

(23) 青いリボンの長さ $2\frac{2}{5}$ m から，赤いリボンの長さ $1\frac{4}{5}$ m をひきます。

$$2\frac{2}{5} - 1\frac{4}{5} = \frac{12}{5} - \frac{9}{5} = \frac{3}{5} \text{(m)}$$

帯分数を仮分数
になおす　　分子どうしをひく

式 $2\frac{2}{5} - 1\frac{4}{5} = \frac{12}{5} - \frac{9}{5} = \frac{3}{5}$

答え $\frac{3}{5}$ m

7

(24) 気温のグラフをよむと，午前10時の気温は，20度の2目もり上だから，22度です。

答え　22度

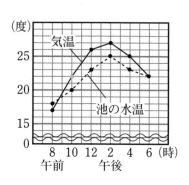

(25) 池の水温のグラフで，線のかたむきが
右上がりでいちばん急なところが，水温
の上がり方がいちばん大きいです。午前
10時から午前12時までの間の⓪となりま
す。

答え　⓪

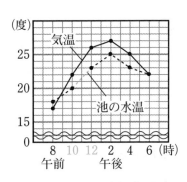

(26) 気温と池の水温のちがいがいちばん大
きいのは，2つのグラフの間がいちばん
はなれている時こくなので，午前12時で
す。

答え　午前12時

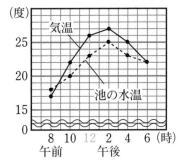

8

(27) たて12cm，横28cmの長方形の面積は，
12×28＝336（cm²）

長方形の面積＝たて×横

```
   1 2
 × 2 8
 ─────
   9 6
 2 4
 ─────
 3 3 6
```

答え　336cm²

(28) 横の長さを□cmとします。たて6cm，横□cmの長方形の面積が336cm²だ
から，
6×□＝336
□＝336÷6
　＝56（cm）

```
    5 6
6 ) 3 3 6
    3 0
    ───
      3 6
      3 6
    ───
       0
```

答え　56cm

⑵⑼　①①⑤⑩㊿の順で左からくり返しならんでいます。

　　23番めまでに①①⑤⑩㊿の5まいがくり返される回数と，①①⑤⑩㊿の何番めまでがならんでいるかを考えます。

　　　23÷5＝4あまり3

　　①①⑤⑩㊿が4回と，①①⑤がならんでいるので，23番めにならべるお金は，5円玉です。

答え　　5円玉

別の解き方

　　①①⑤⑩㊿の順で左からくり返しならぶので，左から番号をふると，

　1　2　3　4　5　6　7　8　9　10　11　12　13　14　15　16　17　18　19　20　21　22　23
　①①⑤⑩㊿①①⑤⑩㊿①①⑤⑩㊿①①⑤⑩㊿①①⑤⑩㊿…

　　23番めにならべるお金は，5円玉です。

⑶⑽　①①⑤⑩㊿のお金の合計は，

　　　1＋1＋5＋10＋50＝67（円）

　　33番めまでに①①⑤⑩㊿の5まいがくり返される回数と，①①⑤⑩㊿の何番めまでがならんでいるかを考えます。

　　　33÷5＝6あまり3

　　①①⑤⑩㊿が6回と，①①⑤がならんでいるので，お金の合計は，

　　　67×6＋1＋1＋5＝402＋1＋1＋5＝409（円）

答え　　409円

1

(1) 筆算で計算します。

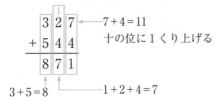

$$3+5=8$$
$$1+2+4=7$$
$$7+4=11$$
十の位に1くり上げる

答え 871

(2) 筆算で計算します。

十の位から1くり下げて
13－6＝7
百の位から1くり下げて
11－5＝6
4－2＝2
9－4＝5

答え 2567

(3) 筆算で計算します。

```
    6 9
  ×   5
  3 4 5
```
6×5にくり上げた4をたして34

答え 345

(4) 筆算で計算します。

```
      8 0 3
  ×    7 6
    4 8 1 8  ← 803×6
  5 6 2 1    ← 803×7
  6 1 0 2 8
```

答え 61028

(5) $45÷9=5$　9のだんの九九を使います。

9に何をかければ45になるかを考えます。

答え 5

(6) 88を，80と8に分けてわり算します。

$$88 \begin{cases} 80 \div 4 = 20 \\ 8 \div 4 = 2 \end{cases}$$ 20と2をたして22

(7) 筆算で計算します。

```
        1 8
  4 8 ) 8 6 4
        4 8      ← 48×1
        3 8 4
        3 8 4    ← 48×8
            0
```

> わり算の筆算は，大きい位から，たてる→かける→ひく→おろすの順で計算します。

答え　18

(8) $144 - 64 \div 8 = 144 - 8$

$= 136$

❶ ❷

> ×，÷　→　＋，－の順に計算します。

答え　136

(9) 筆算で計算します。

```
    1 1
    4 . 6 2
  + 5 . 3 9      ←位をそろえて書く
  1 0 . 0 1
```
　　　　　↑上の小数点にそろえて，小数点をうつ

> 小数のたし算・ひき算の筆算は，位をそろえて書き，整数のたし算・ひき算と同じように計算します。答えの小数点は，上の小数点にそろえてうちます。

答え　10.01

(10) 筆算で計算します。

```
    6 1
    7 . 2 0      ←7.2を7.20と考える
  - 6 . 5 2
    0 . 6 8
```
　　　　↑上の小数点にそろえて，小数点をうつ

答え　0.68

(11) $\dfrac{4}{9} + \dfrac{7}{9} = \dfrac{11}{9} = 1\dfrac{2}{9}$

答え　$1\dfrac{2}{9}\left(\dfrac{11}{9}\right)$

> 分母が同じ分数のたし算・ひき算は，分母はそのままにして，分子どうしをたし算，ひき算します。

(12) $1\dfrac{5}{13} - \dfrac{7}{13} = \dfrac{18}{13} - \dfrac{7}{13} = \dfrac{11}{13}$

帯分数を仮分数　分子どうしをひく
になおす

答え　$\dfrac{11}{13}$

2

(13) 位をそろえて書くと，こ数がわかります。

50000は1000を50こ，700000は1000を700こ集めた数です。

十万の位	一万の位	千の位	百の位	十の位	一の位
7	5	0	0	0	0
		1	0	0	0

答え　750（こ）

(14) 1000 g＝1 kgだから，8000 g＝8 kg

答え　8（kg）

(15) 0.1を2こで0.2
0.01を9こで0.09
合わせて0.29

答え　0.29

3

(16) 本のねだん645円とノートのねだん158円をたします。

645＋158＝803（円）

```
    1 1
    6 4 5
 +  1 5 8
 ─────────
    8 0 3
```

答え　803 円

(17) 1000円から，(16)で求めた本とノートを合わせたねだんをひきます。

1000－803＝197（円）

```
      9 9
  1 0 0 0
 －  8 0 3
 ─────────
    1 9 7
```

答え　197円

4

⑱ 午前 8 時は午前 8 時 5 分の 5 分前です。20−5＝15(分)で，午前 8 時の15分
前の時こくは，午前 7 時45分です。

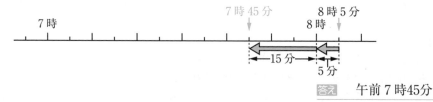

答え　午前 7 時45分

⑲ 午前 8 時 5 分から午前 9 時 5 分までの時間は 1 時間，午前 9 時 5 分から午前
9 時45分までの時間は40分だから，合わせて 1 時間40分です。

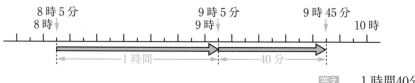

答え　1 時間40分

5

⑳ 直径は半径の 2 倍です。
　円の半径が 3 cmだから，直径は
　　　3×2＝6(cm)

答え　6 cm

㉑ 四角形アウオキの 1 辺は円の半径 4 こ分です。
　四角形アウオキのまわりの長さは，円の半径16こ分
だから，
　　　3×16＝48(cm)

答え　48 cm

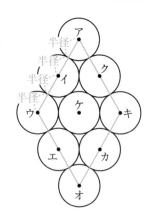

$\boxed{6}$

⑵ 全体の道のり42.195kmから，歩いた道のり9.29kmをひきます。

42.195 − 9.29 = 32.905（km）

```
   3  1
  4 2 . 1 9 5
−   9 . 2 9 0
─────────────
  3 2 . 9 0 5
```

答え　32.905 km

⑵ 全体の道のり42.195kmを3等分するので，わり算を使います。

42.195 ÷ 3 = 14.065（km）

```
        1 4 . 0 6 5
    3 ) 4 2 . 1 9 5
        3
      ─────
        1 2
        1 2
      ─────
          1 9
          1 8
        ─────
            1 5
            1 5
          ─────
              0
```

答え　14.065 km

$\boxed{7}$

⑵ 東京のグラフをよむと，5月の最高気温は25度です。　答え　25度

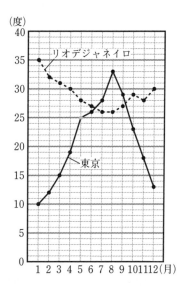

⑵⑸　リオデジャネイロのグラフをよむと，11月の最高気温は28度です。東京のグラフをよむと，28度に点•があるのは7月です。

答え　　7月

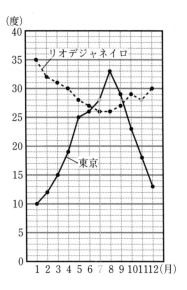

⑵⑹　東京のグラフが，リオデジャネイロのグラフより上にあるのは，7月から9月までの間なので，ⓤとなります。

答え　　ⓤ

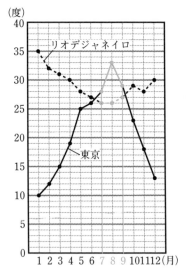

8

⑵⑺ 1辺の長さが12cmの正方形の面積は，

$12 \times 12 = 144 (\text{cm}^2)$

正方形の面積＝1辺×1辺

```
    1 2
 ×  1 2
 ─────
    2 4
  1 2
 ─────
  1 4 4
```

式　　$12 \times 12 = 144$

答え　　144cm^2

⑵⑻ 長方形のたての長さは，

$12 - 4 = 8 (\text{cm})$

長方形の横の長さは，

$12 - 6 = 6 (\text{cm})$

よって，長方形の面積は，

$8 \times 6 = 48 (\text{cm}^2)$

答え　　48cm^2

長方形の面積＝たて×横

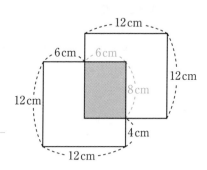

9

⑵⑼ □に「＋」を入れた式を計算します。

$20 + 18 + 16 + 14 + 12 + 10 + 8 + 6 + 4 + 2 = 110$

答え　　110

別の解き方

たすと20になる組み合わせを考えます。

$20 + 18 + 16 + 14 + 12 + 10 + 8 + 6 + 4 + 2 = 20 \times 5 + 10 = 110$

$12 + 8 = 20$
$14 + 6 = 20$
$16 + 4 = 20$
$18 + 2 = 20$

(30)　□に入れた「＋」の中からどれか１つを「－」にすると，「＋」を入れたときの計算結果から，「－」を入れたうしろの数を２回ひくことになります。

　　全部の□に「＋」を入れたときの計算結果110と，１つの□にだけ「－」を入れたときの計算結果90の差は，

　　　$110 - 90 = 20$

　　ある数を２回ひいた差が20であるから，ある数は，

　　　$20 \div 2 = 10$

　　おを「－」にして計算すると，

　　　$20 + 18 + 16 + 14 + 12 - 10 + 8 + 6 + 4 + 2 = 90$

　　よって，おとなります。

1

(1) 筆算で計算します。

$$
\begin{array}{r}
5\ 2\ 9 \\
+\ 4\ 8\ 3 \\
\hline
1\ 0\ 1\ 2
\end{array}
$$

← 9＋3＝12
十の位に1くり上げる

← 1＋2＋8＝11
百の位に1くり上げる

1＋5＋4＝10

答え　1012

(2) 筆算で計算します。

$$
\begin{array}{r}
7\ 0\ 0\ 3 \\
-\ 3\ 0\ 5\ 4 \\
\hline
3\ 9\ 4\ 9
\end{array}
$$

← 十の位から1くり下げて
13－4＝9

← 9－5＝4

← 9－0＝9

6－3＝3

答え　3949

(3) 筆算で計算します。

$$
\begin{array}{r}
7\ 4 \\
\times\ \ \ 8 \\
\hline
5\ 9\ 2
\end{array}
$$

― 7×8にくり上げた3をたして59

答え　592

(4) 筆算で計算します。

$$
\begin{array}{r}
5\ 3\ 7 \\
\times\ \ 4\ 2 \\
\hline
1\ 0\ 7\ 4 \\
2\ 1\ 4\ 8\ \ \\
\hline
2\ 2\ 5\ 5\ 4
\end{array}
$$

← 537×2

← 537×4

答え　22554

(5) $48 \div 8 = 6$　　8のだんの九九を使います。

8に何をかければ48になるかを考えます。

答え　6

(6) 77を，70と7に分けてわり算します。

$$77 \begin{cases} 70 \div 7 = 10 \\ 7 \div 7 = 1 \end{cases} \qquad 10と1をたして11$$

答え　　11

(7) 筆算で計算します。

```
        8
59 ) 4 7 2
     4 7 2  ←─ 59×8
         0
```

わり算の筆算は，大きい位から，たてる→かける→ひく→おろすの順で計算します。

答え　8

(8) $125 - 25 \times 3 = 125 - 75$
　　　　　　　❶　　　$= 50$
　　　　❷

❶を筆算で計算すると

```
    2 5
×     3
    7 5
```

×，÷　→　＋，－の順に計算します。

答え　50

(9) 筆算で計算します。

```
    4 . 7 5
+ 2 . 8 4
    7 . 5 9
```
←─位をそろえて書く

↑上の小数点にそろえて，小数点をうつ

小数のたし算・ひき算の筆算は，位をそろえて書き，整数のたし算・ひき算と同じように計算します。答えの小数点は，上の小数点にそろえてうちます。

答え　7.59

(10) 筆算で計算します。

```
    8 0
    9 . 1 0  ←─9.1を9.10と考える
-  3 . 4 3
    5 . 6 7
```
↑上の小数点にそろえて，小数点をうつ

答え　5.67

(11) $\dfrac{7}{11} + \dfrac{5}{11} = \dfrac{12}{11} = 1\dfrac{1}{11}$

答え　$1\dfrac{1}{11}\left(\dfrac{12}{11}\right)$

分母が同じ分数のたし算・ひき算は，分母はそのままにして，分子どうしをたし算，ひき算します。

(12) $1\dfrac{4}{9}-\dfrac{8}{9}=\dfrac{13}{9}-\dfrac{8}{9}=\dfrac{5}{9}$

帯分数を仮分数　分子どうしをひく
になおす

答え　$\dfrac{5}{9}$

2

(13) 10000を 4 こで40000

1000を 9 こで9000

合わせて49000

答え　49000

(14) 1 kg＝1000 g だから，　3 kg＝3000 g

答え　3000（g）

(15) 0.1を 5 こで0.5

0.01を 7 こで0.07

合わせて0.57

答え　0.57

3

(16) 大きい数字から順にならべます。

答え　76543210

(17) 3000万より小さくて3000万にいちばん近い整数は，27654310です。

3000万と27654310の差は，

　30000000－27654310＝2345690

3000万より大きくて3000万にいちばん近い整数は，30124567です。

3000万と30124567の差は，

　30124567－30000000＝124567

3000万との差が小さいのは30124567だから，3000万にいちばん近い整数は，30124567です。

答え　30124567

4

⒅　2組が道路で拾った空きかんの数は，表の　　　のらんの数です。

答え　9こ

（こ）

	1組	2組	3組	合計
道路	15	9	12	36
公園	10	8	あ	31
その他	3	5	4	12
合計	28	22	29	79

⒆　3組が拾った空きかんの合計の数29こから，3組が道路で拾った空きかんの数12ことその他の場所で拾った空きかんの数4こをひきます。

$$29-(12+4)=29-16$$
$$=13(こ)$$

答え　13

（こ）

	1組	2組	3組	合計
道路	15	9	12	36
公園	10	8	あ	31
その他	3	5	4	12
合計	28	22	29	79

別の解き方

　公園で拾った空きかんの合計の数31こから，1組が公園で拾った空きかんの数10こと2組が公園で拾った空きかんの数8こをひきます。

$$31-(10+8)=31-18$$
$$=13(こ)$$

（こ）

	1組	2組	3組	合計
道路	15	9	12	36
公園	10	8	あ	31
その他	3	5	4	12
合計	28	22	29	79

5

⒇　あの三角形において，辺イウの長さは9cmです。辺アイと辺アウは円の半径なので，長さはどちらも6cmです。2つの辺の長さが等しいので，あの三角形は二等辺三角形です。よって，答えは②となります。

答え　②

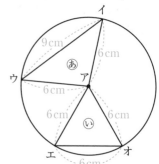

㉑　いの三角形において，辺アエと辺アオは円の半径なので，長さはどちらも6cmです。正三角形の3つの辺の長さは等しいので，直線エオの長さは6cmです。

答え　6cm

42

6

(22) 本全体のページ数336ページを，はやとさんが読む日数14日でわります。

$$336 \div 14 = 24 (ページ)$$

```
      2 4
  1 4 ) 3 3 6
      2 8
      5 6
      5 6
        0
```

式　336÷14＝24

答え　24ページ

(23) 本全体のページ数336ページを，よしやさんが1日に読むページ数16ページ
でわります。

$$336 \div 16 = 21 (日)$$

```
      2 1
  1 6 ) 3 3 6
      3 2
      1 6
      1 6
        0
```

答え　21日

7

(24)

テーブルの数(台)	1	2	3	4	5	
いすの数(きゃく)	6	10	14	㋐	22	

+4　+4　+4　+4

　表から，変わり方を横に見ると，テーブルの数が1台ふえると，いすの数は
4きゃくふえていることがわかります。テーブルの数が4台のときのいすの数
は，テーブルの数が3台のときのいすの数14きゃくに，4きゃくをたします。

$$14 + 4 = 18 (きゃく)$$

答え　18

(25) テーブルの数が5台のとき，いすの数は22きゃくです。テーブルの数が7台
のときのいすの数は，テーブルの数が5台のときのいすの数22きゃくに，2回
4きゃくをたします。

$$22 + 4 + 4 = 30 (きゃく)$$

答え　30きゃく

⑶ ⑵より，テーブルの数が 7 台のとき，いすの数は30きゃくなので，ふえたいすの数は，

  $38 - 30 = 8$（きゃく）

テーブルの数が 1 台ふえると，いすの数は 4 きゃくふえるから，ふえたテーブルの数は，

  $8 \div 4 = 2$（台）

よって，いすが38きゃくのときのテーブルの数は，

  $7 + 2 = 9$（台）

答え　　9台

8

⑵ たて18cm，横24cmの長さの長方形の面積は，

  $18 \times 24 = 432 \, (\text{cm}^2)$

長方形の面積＝たて×横

$$
\begin{array}{r}
1\ 8 \\
\times\ 2\ 4 \\
\hline
7\ 2 \\
3\ 6 \\
\hline
4\ 3\ 2
\end{array}
$$

答え　　432cm²

⑵ 大きい長方形の面積は，

  $16 \times 20 \, (\text{cm}^2)$

小さい長方形の面積は，

  $7 \times (20 - 8) \, (\text{cm}^2)$

大きい長方形から小さい長方形をひくと，

  $16 \times 20 - 7 \times (20 - 8) \, (\text{cm}^2)$

よって，㋑となります。　　答え　㋑

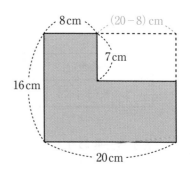

9

(29) 1ヤード＝0.91mだから，12ヤードは，
$$0.91 \times 12 = 10.92 \, (\text{m})$$

```
      0. 9 1
  ×     1 2
  ─────────
      1 8 2
    9 1
  ─────────
  1 0. 9 2
```

答え　10.92 m

(30) まず，75フィートが何ヤードにあたるかを考え
ます。1ヤード＝3フィートだから，
$$75 \div 3 = 25 \, (\text{ヤード})$$
❶
75フィートは25ヤードです。

❶を筆算で計算すると

```
        2 5
    3 ) 7 5
        6
    ─────────
        1 5
        1 5
    ─────────
          0
```

次に，25ヤードが何mにあたるかを考えます。
1ヤード＝0.91mだから，
$$0.91 \times 25 = 22.75 \, (\text{m})$$
❷
よって，75フィートは22.75mです。

答え　22.75 m

❷を筆算で計算すると

```
      0. 9 1
  ×     2 5
  ─────────
      4 5 5
    1 8 2
  ─────────
  2 2. 7 5
```

実用数学技能検定® 数検

過去問題集 8級

模範解答

	(1)	1021
1	(2)	1144
	(3)	752
	(4)	30710
	(5)	5
	(6)	31
	(7)	6
	(8)	292
	(9)	9.03
	(10)	1.68

	(11)	$1\frac{4}{7}\left(\frac{11}{7}\right)$
1	(12)	$\frac{5}{11}$
2	(13)	52000
	(14)	170　(秒)
	(15)	0.73
3	(16)	587　(円)
	(17)	318　(円)
4	(18)	1680　(m)
	(19)	250　(m)
5	(20)	6 cm

ここにバーコードシールを
はってください。

公益財団法人 日本数学検定協会

5	(21)	36 cm	
6	(22)	128	（ページ）
	(23)	$384 \div 32 = 12$ （答え）　　12　　（日）	
7	(24)	午後3	（時）
	(25)	㋒	
	(26)	午後1	（時）
8	(27)	75	（度）
	(28)	337	（度）
9	(29)	3	
	(30)	40	（こ）

⑪ 算数検定　解　答　第 2 回 8級

1	(1)	870
	(2)	4453
	(3)	222
	(4)	13005
	(5)	9
	(6)	32
	(7)	26
	(8)	559
	(9)	8.02
	(10)	2.17

1	(11)	$1\frac{2}{7}\left(\frac{9}{7}\right)$
	(12)	$1\frac{5}{11}\left(\frac{16}{11}\right)$
2	(13)	190 （こ）
	(14)	9 （分）58 （秒）
	(15)	0.62
3	(16)	175 （こ）
	(17)	12 （まい）
4	(18)	18 （分）
	(19)	（午前）7 （時）20 （分）
5	(20)	10 （cm）

太わくの部分は必ず記入してください。

ここにバーコードシールを
はってください。

ふりがな			受検番号
姓		名	—

生年月日　大正　昭和　平成　西暦	年　月　日 生

性別（□をぬりつぶしてください）男□　女□　　年齢　　歳

住所　□□□-□□□□

／30

公益財団法人 日本数学検定協会

50

5	(21)	30 (cm)
6	(22)	$3\frac{1}{7}\left(\frac{22}{7}\right)$ (km)
	(23)	$2\frac{2}{7} - \frac{6}{7} = \frac{16}{7} - \frac{6}{7}$ $= \frac{10}{7}$ $= 1\frac{3}{7}$ (答え) $1\frac{3}{7}\left(\frac{10}{7}\right)$ (km)
7	(24)	1 (度)
	(25)	5 (度)
	(26)	12 (月)
8	(27)	49 cm²
	(28)	84 cm²
9	(29)	なおき (さん)
	(30)	2 (点)

1	(1)	903
	(2)	1797
	(3)	152
	(4)	4644
	(5)	4
	(6)	23
	(7)	19
	(8)	21
	(9)	9.21
	(10)	1.93

1	(11)	$1\frac{2}{5}$ $\left(\frac{7}{5}\right)$
	(12)	$\frac{2}{7}$
2	(13)	75000
	(14)	130 （秒）
	(15)	0.48
3	(16)	684 （円）
	(17)	3096 （円）
4	(18)	（午後） 1 （時）55（分）
	(19)	2 （時間）35 （分）
5	(20)	16 （cm）

太わくの部分は必ず記入してください。

ふりがな		受検番号
姓	名	—

生年月日 大正 昭和 平成 西暦 年 月 日生

性別（□をぬりつぶしてください）男□ 女□　年齢 歳

住所 □□□-□□□□

／30

公益財団法人 **日本数学検定協会**

5	(21)	 (例)
6	(22)	$2\dfrac{2}{9}$ $\left(\dfrac{20}{9}\right)$ (L)
	(23)	$\dfrac{8}{9}$ (L)
7	(24)	1 1 (度)
	(25)	午後1 (時)
	(26)	⑤
8	(27)	7 3°
	(28)	3 2 4°
9	(29)	1 (kg)
	(30)	B 3 (kg) C 7 (kg)

＜5(21)別の解答例＞

1				1		
	(1)	920			(11)	$1\frac{2}{7}$ $\left(\frac{9}{7}\right)$
	(2)	563			(12)	$\frac{8}{9}$
	(3)	675		2	(13)	27　（こ）
	(4)	41055			(14)	3　（t）
	(5)	6			(15)	0.85
	(6)	42		3	(16)	ⓘ
	(7)	8			(17)	414（まい）
	(8)	536		4	(18)	2（分） 10（秒）
	(9)	8.11			(19)	3（分） 15（秒）
	(10)	3.78		5	(20)	10 cm

ここにバーコードシールを
はってください。

太わくの部分は必ず記入してください。

ふりがな			受検番号
姓		名	―
生年月日　大正　昭和　平成　西暦			年　月　日生
性別（□をぬりつぶしてください）男□ 女□		年齢	歳
住所	□□□-□□□□		/30

公益財団法人 日本数学検定協会

5	(21)	9 cm	
6	(22)	$4\frac{1}{5}\left(\frac{21}{5}\right)$	(m)
	(23)	$2\frac{2}{5} - 1\frac{4}{5} = \frac{12}{5} - \frac{9}{5}$ $= \frac{3}{5}$ (答え) $\dfrac{3}{5}$	(m)
7	(24)	2 2	(度)
	(25)	ⓘ	
	(26)	午前12	(時)
8	(27)	3 3 6	(cm²)
	(28)	5 6	(cm)
9	(29)	5	(円玉)
	(30)	4 0 9	(円)

算数検定　解答　第 5 回 8級

1	(1)	871	**1**	(11)	$1\frac{2}{9}\left(\frac{11}{9}\right)$	
	(2)	2567		(12)	$\frac{11}{13}$	
	(3)	345	**2**	(13)	750	（こ）
	(4)	61028		(14)	8	（kg）
	(5)	5		(15)	0.29	
	(6)	22	**3**	(16)	803	（円）
	(7)	18		(17)	197	（円）
	(8)	136	**4**	(18)	(午前) 7 （時）45（分）	
	(9)	10.01		(19)	1 （時間）40（分）	
	(10)	0.68	**5**	(20)	6 cm	

太わくの部分は必ず記入してください。

ここにバーコードシールを
はってください。

ふりがな		受検番号
姓	名	—

| 生年月日 | 大正　昭和　平成　西暦 | 年　月　日生 |

性別（　をぬりつぶしてください）男□　女□　　年齢　　歳

住所　□□□-□□□□

／30

公益財団法人 日本数学検定協会

5	(21)	48 cm		
6	(22)	32.905	(km)	
	(23)	14.065	(km)	
7	(24)	25	(度)	
	(25)	7	(月)	
	(26)	㋑		
8	(27)	$12 \times 12 = 144$ (答え) 144 (cm²)		
	(28)	48	(cm²)	
9	(29)	110		
	(30)	㋔		

算数検定　解答　第 6 回 8級

1	(1)	1012
	(2)	3949
	(3)	592
	(4)	22554
	(5)	6
	(6)	11
	(7)	8
	(8)	50
	(9)	7.59
	(10)	5.67

1	(11)	$1\frac{1}{11}\left(\frac{12}{11}\right)$
	(12)	$\frac{5}{9}$
2	(13)	49000
	(14)	3000　(g)
	(15)	0.57
3	(16)	76543210
	(17)	30124567
4	(18)	9　（こ）
	(19)	13
5	(20)	②

ここにバーコードシールを
はってください。

太わくの部分は必ず記入してください。

ふりがな		受検番号
姓	名	ー

生年月日　大正　昭和　平成　西暦　　年　月　日生

性別（□をぬりつぶしてください）男□　女□　　年齢　　歳

住所　□□□-□□□□

/30

公益財団法人 日本数学検定協会

5	(21)	6 cm	
6	(22)	$336 \div 14 = 24$ (答え) 24 （ページ）	
	(23)	21 （日）	
7	(24)	18	
	(25)	30 （きゃく）	
	(26)	9 （台）	
8	(27)	432 cm²	
	(28)	⑰	
9	(29)	10.92 （m）	
	(30)	22.75 （m）	

算数検定